SYMPOSION

会
饮

Marc Augé

Bonheurs du jour: Anthropologie de l'instant

平日的幸福
——关于瞬间的人类学

［法］马克·欧杰 著

陈路 译 全志钢 校

商务印书馆
始于1897 The Commercial Press

Marc Augé

BONHEURS DU JOUR

Anthropologie de l'instant

Copyright © Édition Albin Michel-Paris 2018

本书根据法国阿尔班·米歇尔出版社2018年版译出

目 录

丽迪娅·布勒达指导出版

"光是为着这些珍贵的瞬间，
活着就是值得的。"

司汤达：《红与白》

绪言

　　法语里，"平日的幸福"（bonheur-du-jour）指的是一种女士写字桌，体积不大，出现于1760年左右。它其实就是一张桌子，上面靠后叠放着一个用于收纳书籍和文件的柜子。在那时的人们看来，为兴趣而写作从本质上说是一种女性的活动。早在17、18世纪之交，就有一些重要的女性人物，如蒙泰斯潘夫人和曼特农夫人，在法兰西王国的政治、文学和经济生活中发挥了重要作用。在18世纪，这样的女性还有路易十五的情妇蓬帕杜侯爵夫人，她本姓普瓦松，出身资产阶级，为伏尔泰和孟德斯鸠提供了庇护。在她的鼓励下，凡尔赛宫开始采用一些不那么"洛可可"风格的家具。蓬帕杜夫人死后，出身更加卑微的巴里伯爵夫人成为国王的情妇，也成为文学和艺术的保护者。当时著名的时尚木艺匠人马尔丹·卡尔兰就用红木为她打造了一张"平日的幸福"叠柜写字桌。

18世纪，奢华豪宅的内部格局出现了一大变化。贵妇们拥有了自己专属的小客厅，于是长椅、书案或饰物柜等各种小型家具应运而生。贵妇小客厅的出现是情感风尚的一种演化，反映出女性对社会、文化及政治生活的影响力得到了增进，也体现出时人对性与欲的观念发生了变化〔萨德的《贵妇小客厅里的哲学》（*La Philosophie dans le boudoir*）就是在1795年发表的〕。作为资产阶级幸福的物质表现，"平日的幸福"叠柜写字桌也象征着他们对生活充满了美好的向往，尤其是对文学和心理学产生了浓厚的兴趣。领风气之先的是拉法耶特夫人，她早在1678年就匿名发表了《克莱芙王妃》（*La Princesse de Clèves*）；但一直要等到1780年再版的版本，这部小说上才刊印了作者的真名。

罗贝尔·莫齐（Robert Mauzi）的论文《18世纪法国文学与思想中的幸福观》（*L'Idée de bonheur dans la littérature et la pensée françaises au XVIIIe siècle*）至今仍是研究幸福问题以及18世纪的重要参考文献。他在文中指出，启蒙时代，人们正是以幸福的名义打造着各种道德乌托邦，并厚颜无耻地为豪奢和金钱的种种特权辩护。不过，各种自由主义思想也正是从这种对幸福的向往中汲取了力量。

如今的我们是否已经走出了这些迷思幻想，走出了这些矛盾纠结？还有，说到底，我们是否已经实现了这种期待？

幸福的潮流

"幸福，是一种潮流"，2016年10月28日，《巴黎人》日报旗下同名周刊刊出了这个标题，同时谨慎地加了一句评注："这到底是社会生变，还是营销造势？"

这种谨慎是明智的。不过，那些不约而同围绕幸福这一主题进行写作并将其呈现为"社会之变"的成功作者，如写小说的洛朗·古奈尔或写散文的弗雷德里克·勒努瓦，的确收获了很大的成功，并且拥有了广大的受众。这说明，至少在欧洲，个体幸福是一个可以且应该提出来探讨的问题。

这份报纸还提醒我们，联合国已经将幸福列入发展政策的核心。人们还成立了一家旨在推进"社会幸福"概念的国际幸福关系研究院。乐观情绪充盈世间。浏览一下这些幸福信使发表的文章或宣言，不难发觉他们为这同一主题开出的药方无非三点：要想幸福，就必须认识自己，必须专注于当下，必须感觉到自己对他人是有用的。看到这种企图将斯多葛智慧与基督教慈善结合起来的计划，不禁令人感叹其愿景之宏大。报上还写到，2010年，企业家亚历山大·乔斯特创建了一间名为"斯宾诺莎工作室"的思想实验室，也就是智库，目的是通过在政治经济机构举办报告会、研讨会或进行"积极游说"来促进"公民幸福"。2016年，这间智库还基于47个问题编定了一份季度幸福指数。

这份报纸还告诉我们，企业内部出现了一种新的职业：劳伦斯·范赫原是一家企业的人力资源部主任，现在转型成为"负责员工幸福"的首席幸福官。据她介绍，这一职务的任务是为员工创造能够促进他们职业发展的工具，如工作的灵活度、远程上班、工作任务的重新调配等。

这一构想其实并不新颖，位于奥尔奈的欧莱雅工厂几年前就进行过相关试验。他们打破了传统的流水线作业原则，重新规划了某些岗位的工作范围。这样一来，一个工人就能承担产品生产过程中某一完整阶段的工作。问题在于，这样的改变是否值得和能够大规模推行。另外，我们可以看到，这种在且仅在企业框架内构想的所谓人的"发展"，反而使人对幸福的追求更加紧密地依附于现有的政治经济体制。

近年来，许多研究都注意到这样一个事实，劳动工作的各种新形态反而越来越导致人的孤立。在法国，

平日的幸福

有多家企业出现了员工自杀潮。这让人觉得，"幸福工作最潮流"这样的宣传口号首先是说给企业等级体系中的各级管理人员听的，是在敦促他们认识到"只有员工幸福，才能把工作干好"的道理。这些口号听起来其实不像是对依附于企业管理者的员工发出呼吁，更像是对企业管理者提出批评。

因此，人们对幸福卫道者提出批评，主要不是指责他们为体制服务（为体制服务的人也不光是他们，况且万一他们说的话被各级管理者听进去了，就可以启发后者做出一些可能使劳动者获益的改革和安排），而是认为他们对自己使用的口号文案内涵的理解存在偏差。那么，幸福到底是什么？

联合国试图用《全球幸福指数报告》为幸福规定一些客观的标准（国内生产总值、预期寿命……），并按照这些标准对世界各国进行评测。这份报纸指出，法国在2016年的世界幸福指数排名上"成绩很差"，仅仅位居第32名，不只名列哥伦比亚、捷克之后，还落后于巴西、墨西哥、智利、阿根廷以及乌拉圭等国。对于这些国家，我都有所了解。我去过这些国家，感受过当地民众的友善好客；但我必须承认，在我看来，他们对自己即将面对的未来从来没有表现出不切实际的乐观。弗雷德里克·勒努瓦在为《巴黎人》周刊点评这项排名时，抨击了法国人的批评精神，认为法国人总是看到事情糟糕的一面，还对法国人的"个人主义"进行了指责。他补充道："欧洲最幸福的国家都是最注重团结纽带的国家，比如北欧国家，那里的人具有很强的公共利益感，再比如南欧国家，他们极其看重家庭团结。"

对可能是北欧国家（的确，在世界幸福指数排名上，丹麦位居第一，瑞典排行第十）所特有的"公共利益感"进行赞美，是对那些国家的社会政策的肯定，但这并不能回答个体幸福感的问题。姑且不提英格玛·伯格曼在其执导的那些充满苦涩之美的影片中刻画的令人揪心的孤独画面，我在此只想强调一下弗雷德里克·勒努瓦在说这番话时何其漫不经心。他的一张大幅彩照占据了这期周刊半页的版面，照片中的他嘴角挂着微笑，摆着姿势，照片底下标注着他的观点："最幸福的国家都是最注重团结纽带的国家"。只不过，他忘记了应该在说这话之前去核实一下南欧国家在联合国报告中的排名：西班牙（第37名）名列法国之后，意大利排行第50名，葡萄牙排行第94名，希腊则排在第99名。如此看来，家庭团结在幸福指数排名上的权重似乎并不太够嘛。那么，这个排名到底是在衡量什么呢？

这件事情有一个突出的特点，就是说着说着，就搞不清自己说的是什么了。比如他说到了个人主义，难道个人主义就必然意味着漠视他人吗？难道不可以像斯多葛派那样，把个人主义理解为坚持自我的理想吗？

至于幸福，由于缺乏对它的定义，人们都同意将其设想为正常人都向往的一种可持续的状态。自斯多葛派以来形成了一种悠久的传统，认为幸福的状态具备持久稳定性，这种持久稳定与心思焦虑者（指缺乏智者那般平静安宁心态的人）的焦躁冲动是对立的。基督教则在此基础上增加了永恒幸福的愿景。显然，这样一种对幸福宁静的向往，与当今时代横行的资本主义激烈竞争以及社会边缘和体制之外的人们徒劳抗议的景象形成了鲜明的反差。所以洛朗·古奈尔在谈到时下的危机以及他为之提供的解决之道时说道，"我的读者从我的小说中汲取支撑他们追寻意义的力量：他们想要实现自我，他们再也不相信消费社会承诺的理想"，随后他总结道："我们正在经历一场文明的危机，危机过后，将建立一种以人的发展为基础的社会。"这期周刊也刊登了他的一张大幅照片，照片中他洋溢着微笑，看得出来他对此充满了乐观。

总之，一份流行报刊花费诸多版面来做关于幸福的"调查"，是颇值得称道的；同样值得称道的是，这份报刊在这个问题上非常明智地保持了中立，既大力推销了几位作者的作品，又对他们开列的幸福药方保持一定的保留态度。还有一个版面留给了吕克·费里（Luc Ferry）的新作。周刊一视同仁，也刊发了他的一张照片。但他对"幸福不取决于真实而取决于人怎么看待真实"的观点表示反对，并且指出这种指示人们要感到幸福的做法包藏着使人产生危险幻觉的风险。

需要指出的是，这样一种双重性恰恰是消费社会的特性，因为消费社会颇为自信，相信即便是那些谴责它过度和邪恶的人也终将为之所动。无论这些作者的动机是什么，归根结蒂，他们的这些考量所触及的都是经济效益和生产力这个主题。但透过这些考量，我们还是可以隐约看到背后对个体存在之意义的普遍思考，这种探问当然算得上是形而上学的。从认识层面来说，危机情境是有利于开展这种探究的：个体存在的意义首先取决于个体与他者的关系模式。任何个体的独特身份都是经由与他者的关系建立的，这种关系就是社会意义的组成部分。如果从更宽泛、更模糊的意义上使用"意义"一词（比如在谈论"意义危机"时），那么实际上，导致和激发人对存在之意义展开一种更宽泛、更模糊的探究的，常常是这个词的本义。*

　　由此看来，初步建立起一门关于幸福的人类学不仅是合理的，而且是必要的。它应该如米歇尔·德·塞尔托（Michel de Certeau）所说，成为一门关于"人的主体性的应用科学"。它要做的，除了对各种特定情形展开研究之外，还应该对个体在日常生活中与其他人维持联系并创造新联系的路径进行探索。

　　从吕克·费里的《幸福七法》（ *7 façons d'être heureux* ）到阿兰·巴迪欧（Alain Badiou）的《关于真正幸福的形而上学》（ *Métaphysique du bonheur réel* ），如今许多作者纷纷投身于对幸福概念的探询，形成了一场大规模运动。但看来颇有些矛盾的是，这样一场探问幸福的运动竟然会发生于此时此地。此时，指的是我们这个不安因素层出不穷的时代，而此地，指的是我们这个每天都会冒出许多令人感到焦虑的理由的国度，其政治局面、经济形势、社会情况乃至人们的精神面貌无不令人焦虑。正值各种威胁日益严重之际，欧洲的人们却开始探讨起幸福的问题了。其实这并不矛盾，因为越是生活在不确定的时代，人越是想要寻找救生圈嘛。

---

* "意义"一词的法语为sens，本义是"感觉"。（本书脚注均为译者所加。）

具象的幸福

本书探讨的不是幸福的抽象概念，而是多种多样的具体的幸福。

人类是不会以幸福或不幸划分阵营的。这大概是因为每个人都太容易把自己直接划归到不幸的那一类，不幸的感觉就像大自然一样不仁和粗暴，总是突然落到人们身上。比如有的时候，所爱之人的离开，无论是暂时离别还是永远离去，给我们造成的不幸感会比我们对他的爱来得强烈得多；或者说，我们正是通过在确定永远失去一个人时感觉到的这种痛苦，衡量其存在对我们正常生活的重要性。所以，失去所爱之人，常常导致我们产生一种内心的折磨。我们会记得那些亲密的瞬间，我们会觉得只有自己在回想起那些瞬间的时候还会那么激动，我们不知道那个从我们生活中彻底消失了的对方是否还记得它们；但若是对方已经死去，我们就能确定，从今往后他彻底抛下了我们，留下我们独自面对那变幻多端的记忆。

在这本书里，我们将尝试颠倒惯常的做法，适度地进行一番人类学的迂回巡视，观察我们每个人都是在哪些时机和哪些条件之下感受到某个真真切切的幸福的时刻和行动的。我们所观察的幸福是一种时刻而不是一种状态，是一种行动而不是一种持久的静态。

有很多词可以用来描述我们心灵中突然产生的激动，比如快乐、愉悦、热情。但我们习惯上会说这些感觉"占据"了我们的心灵，就好像它们是外来的、降临在我们身上的一样，就好像它们"附体"了我们。所以它们与幸福是不同的，因为幸福被定义为一种源于我们内心的稳定状态，是我们的深层自我的表达。幸好，法语的特点适合于区别这样一种外来与内在、易逝与稳定的对立，可以采用"幸福"一词的复数形式bonheurs来探讨具象的幸福——要是使用意大利语的felicità，就会困难许多。因为在法语里，félicité*一词指的主要是一种至福极乐的状态，令人联想到晋级永生的真福圣徒那种神圣而专注的目光。而使用"幸福"一词的复数形式，我们就可以回到红尘俗世，回到这些时而充满期待、时而充满失望、时而心生恐惧、时而心怀希望的有血有肉的凡人中来。这便要求我们去思考人的各种感觉在幸福时刻的界定中的存在和作用。

---

* 本义为宗教所说的"至福""极乐"。

由此可见，在探讨幸福时，相比这个词的单数形式，其复数形式更加精确，更加有趣，更不空洞，就是因为我们要谈论的是具体的事实、事件和态度，而不是论述抽象的、普遍意义上的幸福概念。在生活中，有一些幸福会在意想不到的时机突然降临，并且抗住一切逆风逆水坚持下来，长久地留存在记忆之中。

　　这类幸福的存在能够教会我们理解许多问题，比如我们作为个体的独特身份、我们与他人的关系、我们与时间和空间的关系，换言之，它们能教会我们理解我们作为人的价值所在。这类幸福的存在是值得从人类学维度加以考察的。所有的幸福瞬间都需要与他人的关系的参与；与自我的关系和与他者的关系是不可分割的。比如卢梭，只有置身于充满友情、被朋友环绕而不再被孤立的环境，他才能作为孤独的漫步者，品味到那么多各种各样的幸福。

　　对这些幸福进行一番深入的探索，就会发现它们全部都是与我们的某种行动联系在一起的：这些行动使我们或从一地转向另一地，或从一时转向另一时，或从一人转向另一人。

　　因此，"回归"一词之所以充满诗意，就在于它不可分割地指向了空间和时间。颇耳族这样的游牧民族是永远走在回家路上的民族，他们每迁徙一段路，都要在落脚点严格依照不变的格局重建他们的社会生活空间。从各种不同背景的"回归"行动中，我们都可以感受到这种行动所具有的诗意的力量：比如回老家过暑假，既是一种地理上的回归，也是一种幻想中的对童年的回归；再比如剧团的巡演，演员们虽然每一站都去往不同的城市，但每一次到达的都是同样的舞台空间，这会使他们感受到一种回归的幸福。

然而，自尤利西斯以来，所有从战场上回来的老兵都会感到难以面对回家的考验。这大概是因为这样的回归残酷地向他们揭示了时间的一去不复返。在回归之时，总有一些东西发生了变化，至少我们看待外部世界的目光已然改变（普鲁斯特在回到伊利耶镇时，就因为眼中的风景都变小了而感到失望）。

这时又有一个问题提了出来，就是关于创造的幸福。演员在舞台上的创造需要观众的"支持"。作家进行创作，则需要知道自己的作品至少是有人读的，自己说的话至少是有人听的；这样他才能在写作中找到些许乃至许多幸福。在作家眼中，这样的幸福与生活中的幸福同样奇妙。

这些转瞬即逝的幸福具有启示意义：每当它们消逝之际，我们都会发现它们的必要性愈发凸显出来。比如当我们困于病床之上，就会明白能够出门溜达是多么有价值。除此之外，它们还会告诉我们一些关于社会联系，关于孤独，关于过去和未来的事情。还有一些关于当下人们命运之不公的事情，比如再无希望返回家乡的移民也有可能经历一些幸福的瞬间，但他们注定只能为未来而活，注定只能英勇无畏地活下去。

而变老也并不必然意味着再也无法体验幸福。不仅如此，如果能够扫除对最后审判，对肉体重焕青春荣光的执念，变老甚至还可能成为相遇幸福的一项必要条件。变老使我们得以体验与后代共享幸福，而这是除了籍贯、性别和出生日期之外，一个普通人存在着的唯一切实的证据。所以，与萧沆用那种充满悲观的快乐语调所宣称的相反，各种与年龄相关的幸福并不是只有高寿的老人才能专享的。

这本书讲述的是一些幸福的瞬间、一些短暂的印象以及一些脆弱的记忆。它无意像巴迪欧那样建构一门"关于幸福的形而上学"。受到本书主题的要求，写作者不得已采用了一些个人事件来举例。他已经尽可能只选用那些个人色彩最为淡薄的事例。尽管如此，随着写作的进展，字里行间还是勾勒出作者的一幅时光错乱的自画像，这是因为他也想在传播这些小小的幸福的同时获得自己的一份。这就使他的文本有时看上去像一本颠三倒四的航海日志。这本"日志"想要和读者建立一种对话关系，想要把读者拉进一场谈话，来做个见证，想要向他们评说一些正在发生的事件。虽然这些事件有可能会破坏我们追求幸福瞬间的可能性。毕竟，在如今这个既可悲又可笑，既充满危险又令人兴奋的世界上，这样的事情并不鲜见。但我们每个人都身在其中，遵循着伏尔泰的忠告，努力地"耕耘我们自己的花园"。

一　坚韧顽强的幸福

不知道为什么，一段时间以来，我心里总是痒痒的，总有一种冲动、一种诱惑，又有些许焦躁，想要写一写幸福，写一写各种各样的幸福。我要写的，不是已然消逝的幸福，不是已经过去的幸福，也不是特勒奈在《我们的爱还剩下什么？》中哀婉吟唱的那种"凋零的幸福"；我要写的，是现下犹在的种种幸福。不过，请注意，我并不想发什么呼吁，更无意做什么指示："你们要幸福！"此非吾所欲也。我想要做的，就是聊一聊各种各样的幸福（奇怪的是，"各种各样的幸福"这个复数形式的短语比起"幸福"一词的单数形式要亲切得多），聊一聊那些能够帮助我们抵御时代、抵御恐惧、抵御年龄、抵御疾病的幸福，聊一聊我所谓的那些"坚韧顽强的幸福"。那些幸福能够帮助我们在平日的生活里坚持下去：每当我们彷徨不安，每当我们陷入沉思，它们就会探出头来问候我们一声；那些幸福是我们可以在街头巷尾不期而遇的，就像偶然遇到的一位朋友，或是一个既有些陌生又有些熟悉的身影。

可是为什么呢？到底为什么呢？

因为我觉得，这样的幸福特别坚强，它们不会被社会大众的悲观情绪所湮没，更不会因安拉的疯狂信徒散布制造的全面恐怖气氛而瓦解。它们是属于私人的幸福，是不受任何大局左右的。也许有些吹毛求疵的人会说这样的幸福"太自私"了。的确，还是把它们叫作"永不沉没的幸福"更贴切一些，因为它们能够帮助我们的心灵挺过飘摇的风雨，熬过窒息的洪流，帮助我们活下去。小时候，有人跟我说，有一位美国将军对诺曼底登陆最强烈的记忆，是他在某一天喝了一瓶烈性朗姆酒，让他难受了好一阵子。不过，谁也不能就此定论说这位将军冷血无情，对如此惨烈的战役竟然毫无感觉，还毫不怜惜在其指挥之下英勇战死的将士。实际上，我想说的是，我敢肯定的是，有一些幸福的确就像那瓶朗姆酒：它们一旦降临，就能抵过一切，就会充盈在一个人的想象之中，在他的记忆里扎下根来，即便在他人生最艰难之际，在他遭遇最悲惨、最致命的灾难之时，也不会弃他而去。这，就叫作"坚韧顽强的幸福"。

那么，您肯定要问："到底哪些才算是坚韧顽强的幸福呢？给我们举个例子呗！"问得好！不过很难回答。因为这样的幸福，这样的幸福瞬间因人而异。谁也没法开列出一张清单来。不过，任何人只要稍微静下心来想一想，就能看到这种幸福的模样在自己的记忆屏幕上浮现出来，或清晰，或模糊。

那都是一些简单的幸福，一旦被剥夺掉，就会让人感觉到对它们的强烈需要。被剥夺的原因有很多，有的严重，有的轻微，有的来自个人，也有的来自集体，比如生病，比如住院，比如战争……一旦陷入此类"窘迫境地"，人就会清楚地感知到哪些原本可以的事情变得不可以了，变得不可能了，就会因为失去而愈发感觉到自己何其迫切地需要那所失去的。比如，人一旦住院，就会立刻被剥夺部分行动自由；会被安排到一间病房里，和同病房的其他病友一样成为各自病床的囚徒。我并不是说，在这样的情境下就不可能体验到任何小小的幸福了；我所说的是，这样的情境会使我们一下子感觉到失去了许多本来拥有的东西，使我们感觉到一种明显的反差，从而令我们观照到它们的重要性。我们会发现，我们现下被剥夺的行动自由原来那样可爱。要是能让我们再到街上去溜达溜达，和书报亭的老板随便聊上几句天行之道和世界局势，到附近小酒馆的吧台前坐上一会儿，喝上一杯素咖啡，或者啥也不想地在自己居住的街区闲逛一会儿……要我们付出什么都愿意。而这一切，在我们平时的生活中是那么自然，那么习以为常，以至我们完全忘记了它们的存在。放在平日里，喝杯咖啡并不会让我们体验到多么强烈的满足感，谈天说地就更没什么意思了；然而，只要把这些小小的自由剥夺掉一段时间，我们就会感受到它们的价值、它们的必要：我们就会更加谦卑但更加坚持地表达对它们的向往；我们会顿时领悟到：原来我们的日子就是靠着它们织成的一根根细线串连起来的，就是它们在帮助着我们活下去。

1972年，我爷爷因患严重的肠道疾病到孔卡诺镇住院。我到医院去看望他。局部麻醉治疗暂时缓解了他的病情，所以他获准回到距离医院不足十公里的家里待上半天。这件事没什么可令人高兴的，因为他和我都明白这可能是他最后一次回家了。二十多年间，每到学校放假，我就会去爷爷家，和他开心地相聚；尤其是后来这段时间，我只要得空就会跑到布列塔尼去。那一天，在回家路上，我惊讶地发现他突然重新焕发了活力；我眼前的爷爷又变得那么健谈，那么爱

　　　　　　　　平日的幸福

说笑；他一路上都在和出租车司机开着玩笑，吹嘘自己的孙子多么了不起，丝毫不掩饰自己的快乐，司机也很耐心地聆听着。我突然醒悟过来，明白了他之前本已彻底放弃了回家的希望，埋葬了回家的念想。所以这场短暂的放风，对他来说就像一场起义，一场对命运的反抗。回到家后，我们像往常一样，支着手肘坐在厨房餐桌的两边。我们没有怎么说话。只是想到了几个月前去世的奶奶。我们默默无语地相视微笑。

过了一会儿，爷爷起身推开餐厅门，最后看了一眼自家的餐厅。锁上家门后，又最后望了一眼自家的花园。这短短几分钟的沉默，令每一秒都变得那么厚重：能在一起共同度过这样几分钟，真的是一种幸福。在医院病房门前道别时，我们都把自己就此感受到的幸福告诉了彼此。

几天后，他去世了。

那么，所谓"坚韧顽强的幸福"，或曰"坚强福"，指的是否就是那些已经过去了的幸福体验，那些被时光美化了的回忆呢？既是，也不是。它所指的，是那些不受时间常规制约，被我们着意镌刻在记忆之中的瞬间。这些瞬间与我们的身体有着密切的关系，在发生之际就调动起我们的各种感官，所以从一开始我们就清楚地知道，这些瞬间将会一直听候我们的召唤。和普鲁斯特的那块玛德莱娜蛋糕不同，它们并不需要打开那种似曾相识的感觉开关才能重新启动。因为与它们相随的感觉流——更确切地说是构造了它们的感觉流——从来不曾干涸，也从来不曾消失，所以当它们再次涌现出来，也绝不会令我们感到意外。我们在讲述某些事情时，偶尔一时语拙，就会说出"我们不会忘记这一刻"这样的话来。这句话其实半真半假，因为我们不可能时时刻刻地把那一刻放在心头；但那一刻是会回到我们的心头来的，有时是它自己偶然冒出来的，有时是我们主动去把它找回来的。各种感官都可能参与坚强福的构建。在见爷爷最后一面时，我的视觉和听觉就发挥了关键作用：我之所以至今还能在脑海里细细回顾那个情景的点点滴滴，是因为彼时彼刻我已然意识到那个情景于我宝贵至极。我们在一起时的情形宛在眼前，他说话时起伏的音调犹在耳边：他清了清嗓子，叹息了一声，复又陷入沉默；他微微昂起头，不无自得地对着出租车司机夸夸其谈。我还能感觉到他用枯瘦的手抓着我的胳膊时的力道——他经常对我这么做，但那一天他似乎是特意这么做的。除此之外，我印象中当时那个场景还有最后一块拼图，它是对一段回忆的记忆：我爷爷本是一名出色的厨师；

　　　　　　　　　　平日的幸福

当我和他最后一次一起回到那间厨房时，我想到小的时候常常赖在厨房里看他做土豆，他总是把一口生铁锅放在柴炉上，耐心地为我烘烤"爷爷特制"土豆；就在回想起这一幕之时，我仿佛闻到了烤土豆那令人愉悦的香气，还依稀感觉到那烤得脆脆的土豆被我用牙齿咬破，里面的嫩肉慢慢翻爆出来，随即在我嘴里化开，满口香甜。

每当想起这些已然消逝的日子，涌上我心头的不只有怀念或感伤，更多的还是对自己曾经经历过如此纯粹的幸福时刻的满足。

那是一种直到生命最后那宁静安详的时刻，依然有人可以分享的幸福。

二 生存还是毁灭？

　　众所周知，这个问题已经困扰人类很久了。我为什么会出生？我为什么是我？有些人早在幼年，即哲学思维开始在心里萌芽的年龄，就开始思考这个问题。是某个纯粹随机的偶然导致了一连串我无法逃脱的后果。幸运也好，不幸也好，我就是当初那个随机的偶然的产物，就是那个随机的偶然定义了我，而那个随机的偶然从本质上说是我所不能左右的。不过，如果一个人不知道自己为什么是自己而不是另外一个人，甚至连自己为什么会存在都不知道，那么自己存在这一事实就会被他视作一种不容争论的必然，视作一个不容他置疑的原点，否则他就会深陷根本矛盾的纠结，乃至对自己的存在做出无法估量和不可思议的否认。

　　就我而言，我已经领略过千姿百态的各种感官体验，所以在我眼里，我的存在并不像防波堤那般稳定可靠。它的千差万别，它的变化多端，都是我们通过日常体验就可以感受到的寻常事实。而且，我们也都清楚，既然有自我的存在，就意味着有他者的存在。全世界各种文化中的各种社会编码都是从这一基本事实出发，构建各自所谓基于自然天性的教育制度和等级制度的。

马塞尔·莫斯（Marcel Mauss）指出，虽然如此，人大多还是能够意识到自己存在的独特性的。然而，对于每一个独特个体来说，要想理解他人的主观独特性，必须付出巨大的努力去想象。在解决了"我为什么是我"的疑问之后，个体就必然面临如何理解他人的自我的问题。刚刚摆脱了第一道难题，就遇到了另一道难题，而从本质上说，这第二道难题不过是第一道的重叠。

实际上，唯我论永远对人充满诱惑。我们可以猜测，许多大独裁者的心理定势就源于这种唯我论：对许多人来说，自己与世界、与他人的关系才是自己感受到的最深刻、最重要的事实，而与此相比，他人的自我根本不值一提。

自我是通过他者的历练构建起来的。所以我们都清楚地知道，交友圈、学校和家庭环境对个体人格的养成十分重要。所谓他者的历练，有时可能真的可以说是一场考验：特别是如果对方并未意识到其所作所为对我们造成了压力，这种考验尤其可怕。我还是借用我自己儿时的一些记忆来说明这一点吧。我人生第一次也是最基本的一次形而上学体验发生在1942年或1943年。当时我察觉到爸爸妈妈在圣诞老人的存在问题上欺骗了我。我意识到这一点，是因为他们像印第安人一样蹑手蹑脚地钻进我的房间，把据说是那个身着红色大衣的大胡子送给我的礼物摆放到了壁炉前——那些礼物都是些廉价的东西，毕竟那是个经济困难的时代，看来对圣诞老人来说也是如此。然而当时我并没有睡着，虽然我努力闭紧眼睛，但心里明白自己正在犯下亵渎圣灵的过错。又过了两三年，当父母终于决定告诉我圣诞老人并不存在时，我没有告诉他们，其实我早就只是假装相信他存在而已。我那么做是不想让他们难过。但如今回想起来，我倒觉得，不管出于有意还是无意，他们也给了我一个善意撒谎的机会，所以这也帮助了我的成长。

还有，在由另一个大胡子老头形象所代表的上帝是否存在的问题上，我也是很早就产生了怀疑。我父亲既不信神也不信魔，但我母亲没有这么大胆，所以我还是虔诚地去领了第一次圣餐，过了很久以后，我才向她承认其实我也并不完全相信上帝的存在。

救赎是这种一神教所固有的一个概念。

可是，我为什么需要被救赎？我做过什么？从这种宣扬救赎的宗教的视角来看，每个个体的命运都取决于与这位独一无二的神的关系；对于每个人都应将自己定义为一种主观意识的观点，有的人先是感到惊讶，而后便会借助某种盲目的、充满神秘主义色彩的、将一切他者排除在外的关系与之对抗，这种排他关系的源头可能就是个体与神的关系。这种做法势必导致对他人的无视，因为在某一特定人类个体与他所虔诚追随的上帝之间的这种典型的一对一关系中，他人是没有立足之地的。"喜悦、喜悦、喜悦，喜悦到尽情哭泣"，1654年11月23日夜晚，帕斯卡在完成了他的孤独"体验"后大声叫道。

获得这种神秘救赎的机会是随着个体与救世主神的关系的密切程度而变化的，与个体的所作所为无干。如果像苏非派教义宣扬的那样，连自我都应该"在对主的信仰中被忘却"，他者又该被置于何地呢？

帕斯卡的这种喜悦令我感到害怕。在我小时候，学校的教学计划是按照历史发展进程安排的，这种安排非常聪明：五年级学习中世纪历史，四年级学习16

世纪史，三年级学17世纪史，二年级学18世纪史，最后到了一年级*，也就是在青春期折磨最为强烈的年纪，开始学习浪漫主义和19世纪史。这样的安排当然存在值得商榷之处，但优点是可以让孩子们对后续有所期待：从这个角度来说，我在升入二年级时，就体验到一种解放了的感觉。因为我就要开始接触18世纪的启蒙时代了。

也是从那时起，我开始了政治思考，直到今天。

幸福和社会有没有关系？反正法国的革命者认为是有的，1794年3月圣鞠斯特**在公安委员会上说的话今天读来仍令人莫名感动："你们要让欧洲知道，你们绝不允许在法兰西的土地上再出现一个不幸的人，再出现一个压迫者。要让法兰西的榜样在地球上开花结果，把对美德的热爱和幸福撒满全世界。幸福是欧洲的新理念。"

此言所以令人感动，有几点原因。圣鞠斯特的讲话肯定了他者的存在，他认为为了使他们变得幸福，有必要改造与他们的关系。要实现幸福新理念，就要

---

* 法国教育体系中的年级排序与我国相反。
** 圣鞠斯特（Saint-Just, 1767—1794）是法国大革命雅各宾专政时期的领导人之一，也是罗伯斯庇尔最坚定的盟友，公安委员会最年轻的成员。

同时消除压迫者和被压迫者。而困难首先就在于如何定义压迫，如何划定压迫者。圣鞠斯特在1794年说出了这句"幸福是新理念"的名言；同年4月，他又发表演讲，把丹东送上了断头台；同年6月，他参加了挽救了共和国的弗勒吕斯战役；而到了7月，就轮到他自己和罗伯斯庇尔一起被送上断头台。他们那一代年轻人大多风驰电掣地走完了自己的人生（圣鞠斯特死时年仅27岁），不仅把自己的热血泼洒在那个短暂的历史时代，还发表了那么多博古通今、才华横溢的演讲，令人为之倾倒。但也有人会问，既然那么想要造福人民，可不可以不要牺牲生命和前途，回归平淡的日常生活？这些年轻人领导了几个月革命，处死了自己的同伴，最后自己又被送上断头台；他们的死亡充满魅力，而这魅力里有一种令人不安的东西。圣鞠斯特所说的幸福与他声称要造福的对象一样难以捉摸。仿佛这些伟大的革命者就是一些摒弃了上帝的神秘主义者，他们在当时就相当清醒地意识到了自己的远见和言语所具有的深远影响，所以他们能够从中获得某种傲然自赏的满足感。而这样一种满足感，我不知道可不可以叫作幸福。

这段革命的历史交织着革命者的内部斗争以及对抗结成反法同盟的欧洲各王室的战争，而对于革命的领导者，以及那些幸运或不幸卷入其中的人来说，它是由许多激动人心的时刻构成的。我们该如何评价这些年轻人在努力地将自己的"宏大叙事"载入史册时的感受？

有一类小说对鲍里斯·西瑞尼克（Boris Cyrulnik）所说的这种"英勇的幸福"进行了探讨。它们所塑造的人物以两种形象体现了这种"英勇的幸福"：一种是通过追逐爱情来追求幸福的个体，还有一种是试图按照自己的意志改造历史并造福所有人的行动者。这两种男性形象活跃在从司汤达到马尔罗的小说里，有时还可能重叠在一起。我们可以把这一类文学作品当作观察这种幸福理念的演变及其在世界上的传播情况的一个历史指标。

有一句法国谚语说："幸福的人没有故事。"由此说来，小说中的人物，乃至文学中的人物，罕有以幸福的面貌呈现出来的。或者说，正因为幸福总是飘忽不定，难以定义，难以捕捉，那些奋身四处追逐幸福的人，那些想要"抓住一切幸福机会"的人，到头来，当他们再也抵挡不了怀念的诱惑，再也抵挡不了放下的诱惑而做出退让之时，当他们终于像人们所说的那样"明智"地消停下来之时，很可能就只能到自己的过去里寻找聊资。就像福楼拜的《情感教育》的结尾那样。"那是我们顶好的时辰"：弗雷德里克·莫罗在与儿时的朋友戴洛里耶相逢时说。他们二人都"放下一切回来了"，前者放下了自己的爱情梦想，后者放下了自己的政治野心。他们微笑着聊起年轻时一段不那么光彩的经历，就是那次一起在诺让妓院翻墙失败的事情。

这样看来，幸福似乎是一个具有两重层面的时间性概念：一个是在个体怀念的层面，幸福表现为指向过去的谎言；而另一个是在集体幻想的层面，幸福表现为指向未来的谎言。在这两个层面上，幸福都是一种幻象。换言之，用弗洛伊德的话来说，幸福是一种欲望的表达，这种表达在个体怀念的层面上是自发的，而在集体幻想的层面上是被灌输给我们的。如果说时间的确是小说的素材，那么对幸福的浪漫追求，无论成功与否，无论表现为何种形式，都是小说最重要的主题，这一点就没有什么好奇怪的了。从这个角度来说，《情感教育》就是一部关于幻想破灭的小说：两个主人公，一个经历了爱情的历练，一个经历了政治的历练，最终他们都放下了各自的幻想，回到一起找回了曾经的友谊。小说的题目本身就是一个既乐观又悲观、充满了矛盾的命题：通过情感的教育，真的就能获得所要追求的实用的"智慧"吗？年岁的历练必然会导致人们不再心存幻想吗？

再也没有比这更不确定的了。

年岁再大的人也会有幻想。即使能够用"清醒"的目光看待过去，也不必然意味着能够用同样清醒的目光看待当下和未来。这是因为我们对未来的预见常常是短视的，而且当下充满了意外。无论是在个人生活领域，还是在公共生活领域，未来不管是好还是坏，都存在无法预测的一面。所以我们注定要努力"抓住一切幸福的机会"，努力应对各种事件：邂逅、发现、意外都可能不期而至。而我们对意外事件的反应本身也可能令人感到意外：从这个意义上说，我们都是创造者。

有的时候，我们难以抵御"回眸过去"的诱惑。很多人可能只在写自己的职场简历时感受过这样一种危险的诱惑，但我们都知道我们心底埋藏着一种愿望，想要说服自己相信这尚未走完的人生道路是有条有理、扎扎实实地走过来的。不过，这可能也为我们创造了一个坦率地审视自己的机会，其中不乏惊喜：要是那天晚上，高师的一个同学在和我喝酒的时候，没有跟我聊起去非洲从事与非洲有关的工作的话题，我现在会是什么样？如果没有别的邂逅把我带往别的方向，我可能会成为研究法国文学的专家。在我们的人生里，就是会有一些产生于偶然相遇的长期后果，而那些偶然的相遇本来很有可能不会发生。要是我没有错过那趟火车……要是那晚我待在家里不出门……要是我的朋友杜邦没有叫我去兜一圈……每当回忆过去的时候，我们就会看到一串又一串小小的偶然在眼前浮现，重新织出那定义了今天的我们的过去的经纬。我们的生活其实是我们自己创造的，而那机缘巧合的偶然，只有被我们接受之后，才可能成为我们所创造的产物，成为可能为我们带来圆满和幸福时刻的一个意想不到的源泉。

三　幸福与创造

　　《情感教育》是有作者的。福楼拜与他笔下的主人公不可混为一谈。尽管在构思人物形象时，作者会用到一些属于自己的个人元素，但他还是要为他们创造经历，而这种创造不能用幸福或不幸这样的评价框架来定义。作者期待自己被阅读，所以对读者存有依赖。确信自己拥有读者，能使作者感到满足，但这种满足感绝不是虚荣：它更像是作者对于能使其远离孤寂阴影的某种关系的依恋。它是作者走完一段"在我"和"非我"历程后得到的结果，是作者经历一场冒险后收获的成果。从这个意义上说，他者的阅读、被他者阅读并不标志着这段旅途的结束，反而意味着它的重新起步：当一个故事被他人阅读，就会被他人诠释，甚至可能被他人重新创造；也因为作品中的某一句话可能会触动某一位读者的心。总之，作者能够确信自己不再是孤独地存在于这个世界上。换言之，作者会感觉到自己借助作品间接地来到了他人的想象之中，而这种感觉就是他活着的证据。

大家都知道，大牌的演员、歌手、音乐家或表演艺术家都要仰仗受众的欣赏，他们都明白自己要依附于在现场直接面对受众时有幸与之建立起的那种特殊关系。而作者极少能体验到这种全场沸腾的场面，他只有在参加研讨会或文化节日活动时才有机会和一部分读者见面。更为经常的情况是，作者可能会自觉或不自觉地期待与读者建立某种关系，因为他虽然与读者素未谋面，但知道他们对于他是有所想象的。比起一个晚上的兴奋尖叫，这种在他者想象中的存在来得更加持久稳固，但也需要时不时地通过一些实实在在的信号表现出来。与真正读者的真正见面能够激发作者的自我意识，这为他提供了一个证据，证明他想要说的话是有人听的，而且作品文本在获得独立后，他者按各自期待进行了解读，因而读者听到的可能比作者想要表达的还要多。如果说幸福来自对自身存在的确定感，那么作者是的确有机会体验到一些幸福时刻的。

相应地，这也意味着读者或观众在遇到某位作者的作品时，同样可能获得这种幸福的体验。

这是因为人对自身存在的确定感需要他者提供的

证据。有一首歌的歌名叫《人世中的孤独恋人》。这个歌名总结了两个人经由所谓"彼此交融"的热恋达到了在一起孤独的理想状态。人要确信自己是幸福的，就需要与另一个人相遇；但我们也知道，爱情是会死亡的，是不可能长时间维持在炽热状态的，被炽热状态的爱情发出的强光猛然照亮的，不只是所爱之人的脸庞，还有外面的世界。一时间，爱情里的人得以用全新的目光看到其他人，看到世间众生。他的生命热烈了起来，他感觉到自己活着。"光是为着这些珍贵的瞬间，活着就是值得的"，司汤达在《红与白》中写道。所以说，爱情是一种包含着他者和时间的体验。而在写作这种行为之中，存在着与爱情可堪类比的体验：从这个意义上说，写作对于作者而言，就是活着的证据，就是指向虽不特定但真切存在于意识之中的某一位他者的激情。

然而，幸福时刻闪烁的光芒并不是爱情的全部。一方面，所谓"两个人一起孤独"说到底可能就是两份孤独的叠加，时日一长，这个本性就会暴露出来；另一方面，爱情是需要主动争取的。从这个角度来看，作者才是恋人的好样板，而非相反。作者懂得坚持：他写作，他坚持写作。到头来，作者和自己的作品就结成了一种独特的关系：虽然在某些篇章中完全看不到作者个人的痕迹，仿佛其过去中的某些部分已经全然被遗忘，但他还是会尝试将它们重新插入到自己的某段经历当中，因为他想要对自己的那段经历保持忠诚。上了年纪的作者和自己的作品就像一对老夫老妻。他们在一起彰显着坚持的品德，决不半途而废。终有一日，一切都会结束，但目下此刻，生活依然在继续。而生活，绝不是山坡上的轱辘，滚到哪里算哪里，而是要通过持续的努力去面对他者。

　　幸福有这样一种品性：虽然幸福要靠机缘巧合的相遇或事件来成就，但这种机缘是可以通过主动争取、主动追求得来的，而且一旦获得这种机缘，人就会懂得自己应该继续主动争取和追求。然而萧沆在《苦涩三段论》中似乎提出了完全相反的论断："幸福何其稀罕，因为人只有到老了，到了高寿之年才可能达致幸福，而高寿只是极少数人专属的特权。"不过，在"爱情的活力"一章中，他又透露："不管怎样……我们还是能爱的；而这个'不管怎样'中就涵盖着没有止境的意思。"说实话，主动积极的幸福在本质上是实现不了的；人通过努力的争取追求，虽然能够无限接近自己的幸福理想，但永远也不可能到达那个理想状态。至于所谓的高寿之福，如果指的是对爱情的消亡和幸福的流逝已经心如止水、无动于衷的话，那不过是提前进入了死亡的状态。

如此，品性、机遇和幸福组合成了一场律动的芭蕾，彼此接近着，却永不相交。关于幸福的概念，可能有各种各样的定义，但如果不把它当作一种抽象的空想的话，幸福的标准就是因人而异的，因为它在根本上是一种属于个体的概念。从这个意义上说，幸福的确是启蒙运动的产物。然而独特的个体只有经由与他者的关系才能得以成就。用让－吕克·南希（Jean-Luc Nancy）的话来说：个体的独特性只有在关系中才可能产生。有的人比喻说，幸福是追来的、求来的；也有的人比喻说，幸福是要建设、要巩固的。换言之，在人与幸福的关系里，既有被动消极，也有主动积极：幸福与否，在一定意义上是人的运气好坏所决定的；但同时它也是人的决心、力量以及意志所决定的，也就是说，是人的品性所决定的（这里所说的品性，指的就是这个词的基本意义，也就是马基雅维利所说的virtù）。因为，如果说众人的幸福曾经且依然只是一种革命的理想，那么每个人的幸福就是检验这一理想的试金石。"集体所应该实现的，就是对每个人的肯定"，说这句话的，还是让－吕克·南希（见2012年7月14日《电视全览》周刊的朱丽叶·塞尔对他的采访）。

四　往与返

比起"单程票"，航空公司更乐意售卖"往返票"。仿佛"单程票"这个概念里总存着"一去不回"的嫌疑，总像是在表达某种决绝的意图，某种要从原本框定着自己的常驻之地逃离的愿望。而"往返"一词包含着一种速度的意象：离开只是短暂的，我很快就会回来。

"往返"一词里的"返"字，或曰"回"，并不指向某条具体的路线，却能激起人的想象。"回"字之所以满载着诗意，是因为它同时涉及两个层面：时间与空间。这样一种双重指涉就使这个词变得模棱两可，既可以表示一种简单的重复，也可以表示一种彻底的更新，一种全新的规矩或体验。

游牧民族一般都会沿着同一条路线进行迁徙，一段一段地赶着畜群去往气候条件适合牧草生长的地方

（比如欧洲的游牧民族至今仍保留着夏季转场进山放牧的习惯）。不过，在迁徙路上，颇耳族每到一处落脚点，都会严格依照相同的格局重新搭建起自己的流动村落。按照这种思路进行游牧，就不会有那么多流浪的感觉了：迁徙路上的游牧民族，永远走在回家的路上。

我们都知道，从宏观来看，季节的轮回是许多民族在组织社会生活时遵循的模板，指导着他们各项活动安排的日程。它所规定的劳作时限是定居的农耕民族都必须恪守的，否则便可能遭遇粮食歉收乃至发生饥荒。无论定居还是游牧，这种周而复始的重复都是许多民族实际社会生活的常态：所以，任何对这种生活秩序的破坏都可能导致对社会秩序的破坏。

对出生地或家族发源地的留恋与此类似，也可以视作一种家族层面的游牧。无论以前还是现在，假期都为许多现代城市居民提供了回到出生地"寻根"的机会。对于个体而言，这种"回归源泉"一旦形成规律，便表现得与传统意义上的游牧几无二致：和游牧民族一样，现代城市居民通常也是在夏天，在暑假，在一年当中最美好的季节，回到自己出生的故乡。

一提到回老家这样一种常态化游牧，就可能撩动人们的思乡之情。思乡是一种回归的欲望，既表达了某种缺失，又表达了某种期待。而我们对故乡的记忆大多都是童年的记忆，这便使这种回归的欲望变得愈加复杂：这就意味着我们所向往的回归既是空间上的回归，也是时间上的回归；空间上的回归是可以做到的，而时间上的回归是不可能实现的。所以思乡才会如此令人纠结，既叫人心痛并快乐着，又叫人快乐并心痛着。

　　日常生活中，我们也经常要在往返的旅途上奔波。但这样的出发与回归一般不会激起我们的情感反应，至少不会一上来就令我们心绪波动。但也会有一些瞬间令人心情激荡，如恋人相会、朋友聚首（比如拉马丁一想到布尔歇湖、卢梭一想到比尔湖就激动不已）：想要回到这些瞬间是不可能的，所以重回故地便会成为一种折磨（"你看！我独自坐在了这块石头上 / 你曾见过她坐在这里的模样！"拉马丁在《湖》中写道）。这样的瞬间经常成为文学表达的素材，因为它们将空间与时间的张力推向了极致。这种时空之间的张力也可能呈现出不同的面貌。就拉马丁而言，他所提及的空间景观并没有发生任何变化，只是时间已然流逝。而时间也可能影响人对空间的感知。普鲁斯特在回到伊利耶镇时，觉得那里的景物与他儿时所见相比，似乎都缩小了。他只能借助写作将它们恢复到往昔的大小。

　　一段时间以前，我获得了一种新的体验。这样的体验在习以为常的专业人士眼里不过寻常无奇，却给了我全新的启示。首先，它令我产生了一种莫名的幸福感；我想出了很多理由，但都不足以解释这种幸福感到底从何而来，又究竟意味着什么。2010年至2012年，我加入了一个剧团，到欧洲各地进行了几场巡演。每当他们通知我要去往一个新的目的地时，都会令我沉浸在巨大的喜悦之中。显然，这种新体验里含有某种令人兴奋的东西。而且，每次巡演我都能与剧团的伙伴们相聚，他们都很亲切很友好，我们很快就建立起坦诚的同志关系。不过，在阿维农举行的首演大获成功之后，后续的巡演更多了一种特别的情愫。那就是，与整个剧团重聚这件事本身成了巡演幸福感的一个源泉。这种幸福感指引着我们去往瑞士、法国、卢森堡、德国、意大利和波兰的二十多座城市。其中有不少城市是我以前就去过的，但在巡演过程中，我在每次启程前往或到达某座城市时所体会到的那种全新的喜悦感，与它的旅游魅力完全没有关系。每次一下车或一下飞机，我都是直接奔赴剧场，一头扎进技术人员正在忙碌准备的演出厅；接着，马西莫·富兰就会登上舞台开始彩排。说到这里，我必须顺带介绍一下我们当时表演的这部戏，因为它与我们讨论的这个主题不无关系。

马西莫·富兰是整部戏的导演和编剧。他的构思是通过这部戏重现1973年欧洲电视台歌唱大赛电视报道在儿时的他心中激发的情感。为此，他在戏中扮演了一个平庸的歌手，平诺·托齐。平诺·托齐每次出场都穿着不同的服装变换角色，轮番演唱了当年的许多参赛歌曲。这是马西莫·富兰在向自己看似幸福的童年，向当年影响了他的歌手和歌曲，向当年他获得父母允许在大赛期间整夜看电视的那项歌唱大赛致敬。而我所扮演的平诺的父亲会和其他人物一起适时介入进来，聊起歌曲、记忆、年龄以及我们当场想到的任何话题（这个临场即兴发挥的部分才是整出戏的高潮），然后演出就落幕了。简而言之，我们这出戏的主题就是回忆童年的幸福。

每次我赶到剧场，马西莫都在练嗓子，技术人员则忙着调试布置声光设备。我尽量不干扰他们，自己从后台走到前台，或者坐到台下的观众席，注视着舞台上的布景。布景非常简单：一块幕布、三把椅子、一盆绿植和一个麦克风。不管在哪个城市演出，布景都是完全相同的，灯光效果也是一样的。也就是说，无论我去往何处，我到达的都是同样一个地方，就是那一小片光芒的中央。等到大幕拉开，我从那光芒的中央看向观众，看到只是时而沸腾，时而专注到鸦雀无声的一片漆黑的阴影。从来没有任何一个地方能够让我如此强烈地感觉到那里就是永恒的、完美的所在，那里就是我可以找回我自己的所在。而从那里出来，只消迈上几级台阶，推开一扇门，我们就来到了别处，来到了一座陌生的城市，可以趁着夜色钻进人潮，饮酒作乐。但舞台上幕布后的那片空间永远是一样的；幕布后面，马西莫要临场快速更换的服装的摆放顺序和他转换角色的顺序也是一成不变的。无论在哪里，我每过一段时间就要坐火车、坐汽车或坐飞机前往的，就是那片空间。而在那片空间里，我可以和那支小剧团重逢，可以找回属于我的位置。我也不知道这算不算是我存在的一个标志或一个证据。演出的城市不断变换，舞台上的布景永恒不变，这两者的反差总是令我顿时充满幸福感。这或许是因为，无论我们的演出在哪座城市进行，只要踏上前往那里的旅途，我就像走在了回家的路上。

五　尤利西斯或不可能的回归

　　如今，城乡的剧变导致人们对时间和空间的体验，无论从哪一个方面来看，都迥然不同于以往了。各种功能强大的摄录设备批量生产和广泛销售，大概也是消费社会的一个特点。人们使用这些设备来证明自己的确到过所到的地方。游客纷纷来到比萨斜塔或巴黎圣母院前摆拍，按人们通常的说法，就是要把自己生命中的这一时刻"变成永恒"。这样，他们以后就算不能再次体验这样的时刻，也总能随心所欲轻而易举地再次看到它，而且正因为摆拍这一行为本身就是这一时刻的最高潮，所以摆拍的那个瞬间可能成为最终留在他们心里的唯一的记忆。如此说来，不管体验发生于何地，人们在乎的只是这一体验能否回看。当下的游客就是用这样的方式维持自己与全世界的联系，在这样的一个世界里，还需要故地重游吗？回归的概念还有意义吗？试想一下行将出现的终极旅游形式：富人预订好了航天飞机上的座席，准备搭乘它们飞到离地面百余公里高度的轨道：他们将从那里看到地球这颗行星的全貌，其实他们早已在电视屏幕上看过这个画面了，只不过这一回他们不再需要借助电视屏幕这个中介。所以说，他们早就一目了然地预先了解了自己在往返行程中可能遇到的一切。而他们在亲身体验了我们大家只能通过间接的方式领略的这种天壤之别后，想要立即在地球上重新稳稳地站立起来，可能是有困难的，因为即便是专业的航天员想要做到这一点似乎也并不容易。

对于一部分人类而言，做到瞬间转移和无所不在，即将成为他们生活中最平淡无奇的日常。不过，时间和空间依然是构筑人类个体之间关系的象征性成分，而且这类关系对每个个体身份的确认依然是至关重要的。不论现下的旅游变成什么模样，每个个体还是需要与他者相遇才能实现自我。所以，我们可以断言，每一位旅游消费者身上都蛰伏着一个不愿沉沉睡去的旅行家。所谓旅行家，就是对他人和对自己都充满好奇的人；在旅行家身上，对启程出发的愿望永远强过到达目的地时那种虚幻的满足感。

人的每一次旅行都是一场奥德赛式的游历。而归途是没有终点的，人永远也找不回来逝去的往昔：这场空间与时间的游戏实在太残酷。尤利西斯在流浪中周游了当时已知的全世界，但他在流浪结束之后，又依循某些传统再度出发了。他的目的大概是找回他自己吧。也就是说，他想要去遇见其他人。小说《基度山伯爵》讲述的是复仇之不可能，以及重逢之不可能。爱德蒙·唐泰斯让背叛他的人都受到了折磨，但最受他折磨的，却是和他一样曾经遭受那些人伤害的梅尔塞苔丝。他无法复仇的对象，就是时间本身：光阴流走，把他从年轻时的恋情中放了出来。他已不再爱梅尔塞苔丝了。他已不复是那个爱着她的他了。透过这一点，我们可以感觉到他已经走到了遗忘的边缘，已经对复仇的想法感到疲累，已经默然承认了回归是不可能的。但他还有力量，所以他现在要做的，就是改变自己的生活：这一次是要真正地改变自己的生活，忘掉过去，去寻找别的幸福。

尤利西斯感激妻子珀涅罗珀的守贞。不过，也有一些说法认为，珀涅罗珀虽然被视为忠贞的象征，但她其实算不上忠贞的典范。在重新见到尤利西斯之时，珀涅罗珀根本不认得他了。还是那条苟延残喘定要等他回来才死的老狗一眼把他认了出来。要想用那种王子和牧羊女童话的寓意（"从此，他们幸福地生活在一起，还生了很多孩子"）诠释《奥德赛》，实在是不无困难的。尤利西斯是一个具有多重面貌的人物，堪称一座深不可测的人性宝藏，他的传奇所讲述的主要就是人们所说的那种"老兵困境"。

一般来说，任何一位老兵在退伍回家时，都会在如何理解"幸福"这个问题上遭受考验。由于他在退伍之前的经历，况且已经隔了那么长时间，他想要重拾往昔的一段恋情，想要恢复曾经的社交关系，想要"从头再来"，都绝非易事。回到家乡的老兵就这样被夹在了他的过去和他的现在之间：他的过去已然过去，不会复来，而且常常连存在过的痕迹都已消失殆尽；而他的现在也是他无法完全把握的，这恰恰是因为他在现在的出现所自然接续的，显然是一段更加久远的过去。

我非常理解许多老兵故事都要利用两性之间的对立来增加故事的浪漫传奇色彩：尤利西斯在外流浪，珀涅罗珀就在家里等着他回来；梅尔塞苔丝身在马赛，对爱德蒙的历险一无所知。诚如让-皮埃尔·韦尔南（Jean-Pierre Vernant）所分析的，这一类故事里充满的动（男性）与静（女性）的对立，都隐隐指向古希腊神话里赫尔墨斯和赫斯提亚这一对主神。难道幸福还分男女吗？或许吧，从统计学来说，从某个时间段来看，幸福可能真的要分男女。不过我在这里想要追溯的，是它们共同的源泉。

圣巴伯-杜-特莱拉特（今称"瓦迪特莱拉特"）是位于奥兰东南27公里的一个村庄，1962年我在那里生活了几个月。我在其他文章里提到过1962年的那几个星期：当时正服兵役的我卷入了针对"秘密军事组织"（OAS）的激烈战斗，战斗最后于6月25日以法属阿尔及利亚恐怖分子炸掉奥兰港储油罐引发的那场大火告终。

大火之后，我们驻扎在由已撤回法国的侨民所有的一座农场里，在那里平安无事地度过了一些时日。对于7月15日发生在奥兰的屠杀欧洲人事件，我们全然不知。我们安好营扎好寨，打算在那里驻守几个月；除了偶尔要执行任务，护送撤退物资返法车队前往凯比尔港，我们有大把可以自行支配的时间。

有一天，我们看到一名结束休假的少尉回到了军营。正巧，我们的队长刚刚收到了把这位少尉召回法国的调令。我们就把这个消息告诉了少尉。他在军营里留了一天和我们做伴，但他的心已经不在那里了。回想起来，当他终于听明白我们一窝蜂地想要告诉他的事情之后，他脸上一瞬间绽放的笑容令我深受震撼。

我们的激动令他感到惊喜，他的激动也同样令我们感到惊喜。大家七嘴八舌地讨论着这件事情，向他提问，向他祝贺。他表现得就像一个终于获得了解放的人，直到我们把他送回奥兰之前，他还不敢完全相信我们告诉他的这个消息。

12月底，我自己也得到休假的许可。休假之前，我给曾在我入伍时领导兵团、刚刚调回法国在国防部任职的上校写了一封信，询问是否有可能让我回法国服完我最后几个月的兵役。我乘坐飞机很快就回到了巴黎，和家人团聚。当时我的大女儿刚刚出生。我还记得当我在摇篮边俯下身子，她睁开眼睛，朝我露出了微笑。我为此欣喜不已，可没有人相信我的话。他们都说：她才出生几天，她还不会笑呢。但我坚信，她把她的第一次微笑当作礼物送给了我。我还特意去了一趟布列塔尼看望我的祖父母。就这样，节日过完时，我的休假也快要结束了。

就是在那个时候，我产生了一种有些奇怪的心理，更确切地说我出现了一种严重的消极心态。我没有跟包括亲人在内的任何人说起过此事，我也不清楚自己到底为什么会变成这样。时间过得很快。我内心坚信上校已经批准了我的请求，但我还是克制住了去国防部打听消息的冲动。我再次出发前往阿尔及利亚。到达圣巴伯-杜-特莱拉特时，迎接我的正是和之前那位战友相同的场面：战友们本来以为我不会再回来了，所以看到我都感到非常惊喜，相聚的快乐与告别的惆怅交织在一起——我确实被征调回法国了。仅仅几个小时后，我又从军营回到奥兰，并且很快登上了一艘出发前往法国的轮船。

我想，我之所以做出这种古怪的行为，是因为我本能地受到了一种不想错过回归体验的欲望的指使。要使我的回归法国成为一场真正的回国，前提就是让我的离开阿尔及利亚变成一次真正的离开。在我的战友们把我被调回法国的消息告诉我时，我深刻地体会到了之前我从那位战友脸上读到的那种获得解放的感觉。我在圣巴伯-杜-特莱拉特的最后几个小时过得真的很幸福，而在那之前，我在那里的日子一直都过得极其乏味无聊、无所事事。那几个小时成为我人生中有意识地去体验的一段时间，也是我确定地感觉到完全由我自己掌控的一段时间。再过几天，我将真真正正地回到法国。这一次，我在人生进程中总算得到了一个特别的机会，可以重新把握并重新书写我生命中一个本来可能草草了事的故事，也就是和我最后的战友们诀别的故事（我应该永远也不会再见到其中任何一位了）。在那一刻，我已经感觉到自己正在渐渐远离过去的日子，并且已经看到自己行将告别那个我度过了我的阿尔及利亚岁月的地方；就像不久之后，我将站在我搭乘的轮船的甲板上，眺望着奥兰城那不规则的轮廓变得越来越模糊，最终消失在夜色中。

六 第一次

我们每个人在自己的情感、职业或思辨生涯中都经历过"第一次"。我们都会记得自己的"第一次"，因为它似乎为我们开启了一道时间之门，创造了一个新的开端，而这样的感觉相当强烈，经得起岁月的磨蚀、生活的打击，抗得住放弃或屈服的诱惑。

人类学家对这个主题感触尤深。

首先，人类学家对自己的"第一次田野考察"都会记忆犹新，因为他的整套本领都是在那次初体验中学习到的，后来他每每进行分析和思考，都会对它加以回顾，以期从中汲取养分。我是在1965年初次参加人类学工作的。在《双重人生》(*La Vie en double*)中，我讲述了当时领导法国海外科学技术研究局人文科学处的让-路易·布蒂耶如何陪同我到滨海专区的主要居民点雅克维尔进行考察；他为我和当地官方机构的初次接触创造了便利。不过，我尤其记得我们渡海到对岸去的情景。让-路易雇了一位船夫驾驶快速机动独木舟载着我们前往对面的港口。就在我们穿过环礁，驶向大海与潟湖之间的艾拉迪安海岸那片狭窄的沙洲时，我意识到自己正在开启人生的一个新阶段，正在经历一个我将终生难忘的新的开始，心中顿觉晕眩，同时又有些忐忑。

其次，人类学家都是研究仪式活动的专家。任何仪式都是忠于过去的，都有各自的传统规矩。但一场仪式，只有令参加者和旁观者产生一种重新开启了时间的感觉，才算是成功的。

举行仪式的目的就是营造一个开始。开始并不是重复。人们有时会说"又开始了"来表示某件事情没有发生任何改变。不过这时，人们使用的是"开始"这个动词的弱意义。同样，当我们说"这就是个仪式"来表述某个意料之中的重复性的行为时，也剥除了"仪式"这个词中表示开启一个新阶段的意义。"重新开始"这个词汇的完整意义，指的是经历一次新的开始、一次新的诞生。伟大的政治家都懂这个，他们总是努力营造一种他们正在开启某项伟业的感觉。他们知道，即便接踵而至的只有一个又一个的失望，这么做至少能让人们记住自己曾经为他们点亮过希望。

莫里哀笔下的唐璜宣称自己无法抵抗"心生萌动"的魅力。他这么说，并非出于算计或谋划，而是置身在一种瞬间的真实之中，法语把这种瞬间的真实称为"落入爱河"。唐璜在斯加纳列尔面前总是喋喋不休；他说了很多话，其中还有一些颇为独到的见解，然而评论者往往只抓住他说的那些最浅显、最肤浅的话不放，比如他对恋爱的策略和征服的快感所做的描述（"……当你用尽殷勤去抓住一位年轻美人的心，当你看到自己每天都在此事上取得一点点进展，当你用激情、眼泪和叹息打垮她灵魂中纯真的羞耻之心直到令她缴械投降，当你一步步地把她对你的抵抗踩在脚下，当你战胜她引以为荣的谨慎贞洁并慢慢地将她带往你所希望的方向，你就会品尝到一种极致的美妙……"）唐璜想要成为"征服者"，所以他标榜自己是"征服者"（"……在这方面，我有着征服者的野心。我像他们一样，总是从胜利走向胜利，决不接受抑制自己的愿望"）。不过，令他痴迷和执着的，就是初始的那一瞬间：那是一个神奇的瞬间，那个瞬间的"魅力"（这个词在莫里哀的时代语义极强，令人联想到魔法的力量）足以摧毁任何理性的意志（"说到底，心生萌动具有无法解释的魅力"）——那个瞬间跳脱了时间的界限，构成了一切吸引和一切故事的源头，所以人的记忆不由自主地记住了它，所以在艾尔维拉面前，唐璜既想挑逗她，又要保持对自己的诚实，才会任由自己真情流露。

当惯常的剧情再度轮回，终于呈现出它那平庸的真相时，恩断义绝的一幕便会再度上演。但与此同时，就在那一瞬间，在那不断重复的俗套的对面，有一种全新开始所独有的诗意隐隐约约透了出来。唐璜是永不满足的，他总是不知懈怠地追逐着那种初始的激情。对于他来说，每一次都是第一次。他是邂逅之王、瞬间之王。至于邂逅之后怎么发展，他毫不在意，因为他没有能力长时间地维系一段爱情。他一旦开口说出那些甜言蜜语，那个瞬间的魅力就消失了。一切便又掉入重复过无数次的俗套：他会再一次饰演自己作为恋人的角色，直到一个新的情影、一道新的秋波对他释放出如电光火石般转瞬即逝，令他无法抗拒的独特魅力。

与在个人感情生活中一样，人们对集体生活和政治生活事件中的磨蚀现象也颇为敏感。人们习惯于将其归咎为某些人喜新厌旧、不知满足或背叛初心，但若站到局外来看，其实很简单，磨蚀就是时间发生作用的结果，就是一种近乎生理的销蚀和衰老回过头来激发了人心里的一种巨大的怀念，而这可能才是这一现象的严重之处。1789年、巴黎公社、1936年、祖国解放、1968年五月风暴，我们今天仍然在庆祝和歌唱这些纪念日，但它们已然失却了它们划时代的力量。从这个角度来看，所谓历史，可能就是在不断地努力寻找一些堪与这些中途流产或终未实现的"第一次"相提并论的开始。一场节日，只有成功地在人们心中激发出一种新开始的感觉（哪怕这种感觉只持续了一瞬间），才算是成功的。所以，节日活动常常与打破秩序和颠倒角色的画面联系在一起。人们在节日中纵情狂欢之后，才能把"钟表调回正确的时间"（这象征着秩序）或把"计时器归零"（这象征着重新开始）。亚里士多德曾经说过，悲剧表演能起到宣泄净化的作用。而上述这类时间游戏所起的作用与此相去不远。

我喜欢到电影院去重看老电影。因为重看老电影就是在和过去以及记忆做一场无与伦比的游戏。我们的脑海中都存有一些根深蒂固的印象，我们以为它们是我们对远去的往昔保留的记忆，但它们其实是在记忆和遗忘的联手作用下被篡改过的。所以，时隔多年后重看一部看过的影片就成为一种奇特的体验，我们都知道它所呈现给我们的电影画面在拍摄完成后就未曾变化过，而这些不曾改变的画面与我们脑海中的印象形成了对质。正因为如此，它们很可能会令我们大感意外：有时，从某部我们经常反复观看的影片中，我们依然会发现，还是有一些细节被我们遗忘了，甚至是被我们的记忆给篡改了；我们的记忆会置一再看到的实际的电影画面于不顾，执着地继续对它们进行重新创作和重新编辑。还有就是，对于某些老电影特有的叙事节奏，我们每看一次都会感到惊奇，仿佛之前从未看过一样。所以，重新观看一部老电影，就是在同步体验期待的愉悦和回忆的快乐——这样的体验机会是我们在日常生活里绝对无法获得的。

所以，对于我来说，有一些电影能够一直保持初始的魅力。我第一次观看柯蒂兹导演的影片《卡萨布兰卡》是在我12岁那年。那并不是我看的第一部电影，不过，正如我在专门为之撰写的一本小册子里所说的那样，第一次观看《卡萨布兰卡》使我第一次体会到了什么是时间，什么是遗忘，什么是忠诚，什么是故事留在心中的记忆。这部电影主要反映了期待、威胁和逃跑等主题，而这些主题放在当时的时代背景下，对我的童年产生了影响。我是在战争刚刚结束之时，在我即将进入青春期之际，第一次观看这部影片的。所以对于我来说，它从一开始就成了一段充满划时代情感的记忆。在我眼中，它就像是一部奠基神话，所以我每每从报纸的上映节目单中看到《卡萨布兰卡》

这个标题，就会动身出发前往拉丁区，怀着参加仪式的心情去庆祝我这不断复又开始的"第一次"。

只要上映时间安排合适，我对其他一些影片也会采取同样的做法。比如，我非常乐意去反复聆听朱尔·贝里在《夜间来客》中扮演的"魔哦哦……鬼"那拖长的嗓音，还有加里·库珀在《火车将鸣笛三声》中孤独等待时发出的抱怨牢骚。它们都是一些随时等候着我的小小的幸福，今天的我可以随心所欲地将它们提前安排到过去的未来之中：它们都曾令我体验到第一次的幸福，或早或迟，我总有一天会去重温它们带给我的这种幸福。

七　邂逅

　　我们在前面说过，唐璜是邂逅之王和瞬间之王。就是凭着这一点，他才成为那个冒险故事中的关键人物；在那个冒险故事中，至为荒诞的情节与至为惊人的巧合以不断加快的节奏交织在一起，直到迎来最后的结局；而那样一种节奏既好似恐怖故事，又堪比科幻小说。如此说来，莫里哀笔下的唐璜颇有些像动画片里的人物。他之所以吸引读者或观众，还在于他拥有无限的遇见能力：他遇见的对象，既有被他引诱的姑娘，也有他所挑战的鬼魂。当然他还遇见过乞丐。在遇见乞丐的那一场戏中，或许是因为厌倦，唐璜突然不想再对那乞丐褊狭的信仰进行考验了，他不再对他提任何要求，而是"出于对人类的爱"，直接把用来诱惑他的那枚闪闪发光的金路易抛给了他。这是一个非常值得玩味的时刻，它意犹未尽地映照出莫里哀的某种勇气，或者说映照出莫里哀的某种无意识……

唐璜就是这样一个不知悔改又不知疲倦的拈花惹草之徒。奥维德笔下的费莱蒙和鲍西丝夫妇则与他相反，是忠诚和幸福的象征。费莱蒙和鲍西丝代表着一种平静祥和的爱。除了害怕分离，任何事情都无法干扰这样一种爱。这也不是说他们害怕死亡，他们害怕的是自己比所爱之人活得更长。所以，对于这对热情招待了自己的弗里吉亚夫妻，宙斯赐予的奖赏就是让他们在死去之时化作两棵共用同一树干的双生树（一棵是橡树，另一棵是椴树），永结连理。

需要说明的是，陪同宙斯下凡溜达的，是司掌旅行、贸易、商业……和偷盗之神赫尔墨斯。他们一起化身成衣衫褴褛的流浪汉，对所遇到的那些将他们拒之门外的人展开人性品质的考验。这便给了人们一个值得记取的教训，许多民间故事都对此做过阐述：要小心对待那些行乞讨饭模样的人！他们可能是神的化身！不过，奥维德的诗篇还隐藏着另一条道理：只有被爱的人才会对别人敞开心扉。

而这恰是彼此交融的热爱的一个悖论。歌里唱的是：恋人孤独地存在于人世间。但这种两个人一起的孤独，只要存在，就会给世界增添一抹幸福的颜色。尽管这种幸福或许只是一个瞬间的幻象，有可能被存在之残酷拆穿。据说爱会让人对世界变得冷漠（"有什么关系？只要你爱我／我才不在乎全世界"，埃迪特·皮亚芙这般唱道），可是爱中的人就算是冷漠，也冷漠得那么友善，那么大度。而真正的孤独，令人感到折磨的孤独，开始于爱结束的时候。

从这个意义上说，爱并不是盲目的。虽然这看上去像个神话，但爱只要指向的是一个有血有肉的存在，就不是盲目的。人们都说狂热的爱会遮蔽我们的眼睛，但其实它也能引导我们睁开双眼去看见这个世界。

那么爱能持续多久？刹那还是永恒？唐璜还是费莱蒙？

一切经由邂逅发生的幸福时刻都是以感觉的爆发和感官的苏醒为开端的。当然，感觉的爆发和感官的苏醒也可以通过精心的设计安排来达成。在《红与白》中，司汤达描绘了男主角吕西安·娄万在对夏斯特莱夫人"心生萌动"的那一瞬间所体验到的那种无可超越的幸福：这两位主人公先后两次在南希郊外绿野猎人旅馆的花园里散步，当时夕阳的光线穿透枝叶，照亮了林下的灌木丛，可以听到有人用圆号吹奏着莫扎特的圆舞曲。吕西安察觉到夏斯特莱夫人把胳膊贴在了他的胳膊上。第二次散步结束时，他提议大家一起去喝点潘趣酒。而就在这个特别的时刻，所有的感觉都兴奋起来了。娄万与朋友们交谈着,而夏斯特莱夫人就在他的身边,又一次伸出胳膊贴住他,两人虽然彼此没有说一句话,但都陶醉在这把他们联结在一起的沉默中。

卢梭在回顾他在比尔湖畔小岛的旅居时,则采用了另一种笔调,仔细地盘点那些令他陶醉的自然元素。从某种意义上说,他的做法与司汤达笔下的娄万恰恰相反。娄万先是被眼前美景和身边女士散发的魅力所征服,然后才开始采取主动行动的(比如要求乐师继续演奏,提议喝潘趣酒等)。确实,卢梭的描述是事隔多年之后的回忆,他试图对自己当时在圣皮埃尔岛体验到的幸福感进行剖析。他首先提及的是那个地方宏观的美,是他下到湖岸之前,站在高处欣赏到的壮丽的全景:"当湖面波涛汹涌,无法行船时,我就在下午周游岛上,到处采集植物标本,有时坐在最宜人、最僻静的地点尽情遐想,有时坐在平台或土丘上纵目四望,欣赏比尔湖和周围岸边美妙迷人的景色。"接着,他详细描写了他所处的环境:那是一个他可以躺下来休息的地方,一片宁静之中,湖水的阵阵波涛声听上去充满了催眠的节奏:"暮色苍茫时分,我从岛的高处下来,高高兴兴地坐到湖边滩上隐蔽的地方。"他就这样沉浸在阵阵涛声之中,渐渐放空了对生活的一切思虑，心中只剩下一种纯粹的对自己生命的感觉："湖水潮涌潮落，发出阵阵波涛声，不断地冲击着我的听觉和视觉，驱走了我的心事，使我沉浸在遐想中，令我专注于快乐地感受自己的存在而无须多想。"

不过，这种逃离社会、只关注自己身体感受的生活只是相对的，而且它本身也是源于一场幸福的邂逅。卢梭从1765年开始客居圣皮埃尔岛，住在岛上唯一的房子里，生活在友好的环境中。房子是属于伯尔尼医院的，是税务官恩格尔的住所，卢梭常常和他一起探索岛上的各种植物。而在那之前的1762年，卢梭搬到莫蒂埃村，并在那里邂逅了亚历克西·杜·佩鲁。他视此人为朋友，后来一直与其保持通信。卢梭从来都不缺乏结交朋友的能力，这似乎是对他容易树敌的倾向的一种平衡。也正因为如此，在生命的最后日子里，他还在埃尔默农维尔城堡受到了吉拉尔丹侯爵的款待。他就是在那座城堡里撰写《孤独漫步者的遐想》的过程中，回想起自己在比尔湖畔度过的幸福时刻："晚饭以后，如果天色晴和，我们会再一次一起到平台上去散步，呼吸湖畔清新的空气。我们在大厅里休息，欢笑闲谈，唱几支比现代扭扭捏捏的音乐高明得多的歌曲，然后带着没有虚度一天的满意心情回去就寝，一心希望明天也是同样的欢快。"

对于卢梭来说，幸福需要充满简单坦诚的友情时刻；而对于司汤达小说里的男女主人公来说，幸福需要爱情，有了爱，他们向自己周围投去的目光都变得平和友善乃至宽容大度起来了。

无论如何，幸福的感觉都需要经由实证体验来获得：不管是卢梭，还是司汤达笔下的男女主人公，他们所体会到的幸福感都来自内心祥和与周遭环境达致和谐的那一瞬间的感受——这种和谐从本质上说是脆弱而短暂的，但必定会长存于记忆中。

在司汤达的这部作品里，有许多不同的情境（虽然司汤达在讲述的过程中，尤其是在谈到幸福时，有时会以自己的名义发表议论，但吕西安·娄万是一个小说人物）与卢梭遥相呼应。卢梭的影子在这部虚构的小说里若隐若现。比如，吕西安·娄万在前往意大利就任的途中，就曾在埃尔默农维尔停留，他还购买过一张曾经属于华伦夫人的床。

众所周知，司汤达虽对卢梭不乏批评，但对后者其实还是充满敬佩的，甚至达到了与之浑然一体的境界。他在《亨利·布吕拉的人生》中的忏悔，尤其是他透露自己害羞、自己在追求女性方面鲜少成功，都让人联想到卢梭的忏悔。尽管如此，卢梭与司汤达创造的角色之间还是存在差别的：卢梭比较接近于斯多葛派的智者，虽然一生注定动荡流浪，却一直不停地向往到一个平和之地，追求精神上的宁静；司汤达的人物却时刻准备着踏上冒险之途，时刻准备着奔向他者、奔向爱情或奔向死亡。诚然，司汤达笔下的人物只有在时间停止之时才能找到属于自己的幸福爱情的瞬间，但他们一直在奔跑，在追求。不过，这种追求与唐璜那种对短暂激情的追逐毫不相干，因为唐璜追逐女性就像有些人采集蝴蝶一样，只要勾引成功、征服到手，邂逅的激情就立刻消逝得无影无踪了。

关于应该用什么样的态度面对时光和幸福这个问题，文学历史就这样为我们提供了一座永不枯竭的宝藏。写作既可以使写作者与自己本来的感情保持距离，同时又使其能够努力地将它诉说给其他人；从这个角度来说，写作既是研究的对象又是调查的工具。而且写作常常能够实现这样一种奇迹：它能令素不相识的读者体认到它所倾力分析并终于重现的对象，当读者的身为读者的幸福与写作者的"写作的幸福"不期而遇，读者就能从这场邂逅中发现自己，找回自己，并由此感到快乐、认同和感激。

八　歌曲

人们一般倾向认为，爱唱歌的人民是幸福的人民。有一些大家都很熟悉的画面恰好能形象地说明这一点。我必须承认，这些画面都有些年头了：一个粉刷匠坐在脚手架上尽情地吹着口哨，当一位漂亮姑娘从旁边的路上经过，他的哨音渐渐跑调，最后化作了一声赞叹。"这，才是法国范儿！"莫里斯·谢瓦利耶（Maurice Chevalier）打趣道。

我所保留的对解放的记忆是，那是一个幸福的时期，所有人都爱唱歌，还有许多人（都是男性）喜欢在路上一边走一边吹着口哨。1945年，曾于20世纪30年代就掀起过广播歌唱比赛热潮的圣格拉尼耶主持了一档名为《在自己的社区里放声歌唱》的日常节目。这档节目的主题曲是弗朗西斯·布朗希创作的，当时在首都的街头，有许多人哼唱着它那动人的旋律："扑通扑通嗒啦啦，我要放声歌唱，我要放声歌唱……扑通扑通嗒啦啦，我要放声歌唱我的家。"那年我才十岁，不过我真真切切地记得有那么几首歌曲把这样一种喜悦的气氛撒满了整个巴黎。1946年，还是弗朗西斯·布朗希作词的一首《幸福之歌》更是为这种普遍的喜悦平添了一丝感动。

这种想要唱歌的需求常常是突然产生的，这恰恰证明这样一种冲动是毫无动机的，是能令人真正得到轻松解脱的。唱歌的人在歌唱之时，平日里在心中彷徨的日常俗事就停下了脚步，时间也暂停了飞行；而听歌的人敏锐地感受到这种节奏的变化，就能和歌者一样，融入这场能够放空意识的精神运动。一时之间，存在着的竟只有节奏、音韵和旋律了。

而如今，这样一种需求却不复存在了，因为产生这种需求所需要的安静已经消失了。现代人已经承受不了安静。至少，消费社会里的各类经营主体都试图说服我们相信这一点。他们致力于使用指定供应商为他们提供的各种广播电视噪声填满我们的安静。在现在的巴黎，几乎所有的酒吧餐馆无不淹没在扰人的打击乐中。幸好，拉丁区还有几间坚持播放过时老歌，播放那种言之有物的歌曲的酒馆幸存了下来。特勒奈、芭芭拉、雷吉亚尼、布雷尔、贝柯、蒙唐、慕斯塔基、

　　　　　　　　　　　　平日的幸福

努加洛、布拉桑、费雷等昨日明星的歌曲方才得以在那里焕发新的青春。

歌曲在拉近创造者与使用者距离方面堪称典范，而我认为拉近创造者与使用者的距离正是平常的幸福的一个源泉。一首歌曲的生命，首先取决于那位使它传播开来的歌手的歌喉；埃迪特·皮亚芙曾使许多歌曲拥有了不朽的生命，但她并不是它们的作者。歌曲的作曲者也不一定都是它的词作者或演奏者。而随着岁月的流逝，一首歌曲渐渐成为一件虽有署名但属于众人的艺术作品——这就有点儿像维克多·雨果的作品，没有人会质疑作者雨果的水平，但他创造的人物如此生动，令人产生了这样一种印象，仿佛他们都是独立于创造了他们的雨果而永恒存在的。放声歌唱的人，不论唱得好或不好，都是在把一首自己喜爱的歌曲化为己有。在歌唱的那几分钟里，他就是这首歌曲的创作者。

在爱唱歌的家庭里，无论唱的是新歌还是老调，即便唱得不甚完整或不甚准确，歌曲都会成为这个家庭的一种历史记忆，成为把几代人联系起来的纽带。请原谅我又要再一次拿我的家族历史来举例子了。我的父亲和我的爷爷，就像他们同时代的民众阶层或小资产阶级中的许多人一样，热爱唱歌。每当他们看到我懵懵懂懂地跟着学唱他们在饮酒作乐之时或回忆军旅生涯之时唱的那些或略显轻浮或语带双关的小调和歌曲时，就会大笑起来；而我受到笑声的感染，也像他们一样兴奋地笑起来。

　　我爷爷出生于1880年。而1940年到来之时，我立刻就感觉到历史正在重演。有许多歌曲是我爷爷唱过的，也是从小听他唱歌的我的父亲唱过的，后来就轮到我在其乐融融的家庭聚会上唱这些歌曲了。其中就有这样一首充满战争气息的歌曲：

　　　　你们永远征服不了阿尔萨斯和洛林，
　　　　我们才不怕你们，我们永远是法国人。
　　　　你们日耳曼就算霸占了我们的平原，
　　　　但永永远远也不可能得到我们的心。

　　虽然我们的家庭聚会总体上弥漫着军国气息，但有时也会唱一些造反歌曲，大概是因为这类歌曲同样充满军事进行曲的节奏吧：

　　　　你们好，你们好，十七军的弟兄们……
　　　　［……］你们如果朝我们开火，
　　　　射杀的就是我们的共和国。

我爷爷在歌曲题材方面兴趣广泛。他教过我这样一个片段，我现在有时候还会在不知不觉中面带微笑地哼唱起它来，而且一唱起这个片段，我依然会感到很开心：

> 如果我能变成一条小蛇，
> 哦到哪去找这样的福气！
> 我就要在你耳边温柔而
> 用力地诉说甜言和蜜语！

他从来没有告诉过我这四行歌词出自哪首歌。直到最近，我在网上浏览时才确定它节选自爱德蒙·奥德朗根据阿尔弗雷德·杜鲁以及亨利·席沃的本子排演的一部名为《大莫卧儿》的轻歌剧。这部轻歌剧先是于1877年在马赛首演，后于1884年来到巴黎，在快乐剧院上演，剧中的女主角是一个驯蛇的女巫。

我爷爷对淫词艳曲的了解也自有一套。拜他所赐，我很小的时候就会唱一些风掀姑娘裙的曲子。比如下面这一首，直到现在我偶尔还会哼一哼：

风儿掀起你的粉裙子

露出

你那精致紧实的脚踝子

穿着可爱迷人的黑袜子

路过行人偷眼瞄，还以为看到了

那啥，那啥，

你那啥不该叫人瞧见的好东西。

互联网告诉我，这是一首"老歌"，系由某个名叫爱德蒙·拉特的理发匠于1870—1880年记录在一本小册子上，得以保存至今。所以我也不知道我爷爷是在哪儿听过它……并把它记在了心里。

还有这首堪称经典的《白色丁香花又开》。我们都不知道它其实是德国人作曲的。通过这首歌，我了解到丁香花和春天都能激发女性的情欲：

坠入情网的女子

迷失在陶醉的春光里

意乱情迷

做傻事。

除了上述爱国歌曲、轻歌剧选段以及致敬女性魅力的小调以外，我们在家庭聚会上唱的更多的主要还是一些关于感情的歌曲。比如《白玫瑰》《跟我说说爱情》《你视我不见》……贝尔特·席尔瓦、吕西安娜·布瓦耶、让·萨布龙都曾是我们学唱歌的样板。后来我们学唱的对象有所变化。在我父母看来，（演唱那首《我歌唱，日夜歌唱……》的）夏尔·特勒奈就是一个"扎族"*，这个词在他们嘴里就意味着古怪而难以亲近。我爷爷是在图卢兹出生的，他经常说自己受到布列塔尼妻子的"欺负"；所以早在努加洛重新演绎《噢！图卢兹》之前，他就常常吟唱这首献给那座粉红之城的赞歌。

　　一听到这些老歌（我上面列举的歌单还只是缩减版而已）的旋律，我就会想到我在前文提到过的我们在布列塔尼的那个家里的厨房。那就是我们以前常常进行家庭演唱会的场所。我也是在那里接受了最初的音乐教育（我很晚才开始学习所谓"伟大的音乐"）。我虽然记忆力糟糕，但至今还能几乎一字不差地背出当年唱过的好几首歌曲的歌词，那些歌曲曾经给我们的家庭聚会带来了那么多的快乐。

---

* "扎族"（zazou）原指第二次世界大战期间迷恋爵士音乐的法国青年，是20世纪40年代在法国流行一时的潮流，也被视作一种反文化。法国国家文本语汇资源中心（CNRTL）的网站上将"扎族"定义为"过度热爱美国爵士乐并通过偏离主流的服饰打扮吸引注意的青少年"，后来又延伸出"略有些古怪的人物"的意思。

就我本人而言，我一直特别喜欢和欣赏法国歌曲中那种把忧郁快乐和顺从忍受（主要表现在副歌部分）混合在一起的调调。这样一种五味杂陈延展了歌词的模糊暧昧，使表达更具诗意，使听众的心灵沉浸在一种彷徨惆怅的状态里。而这种状态就和我们的生活一样，谈不上悲哀，也说不上喜悦，却充满了张力。

夏尔·特勒奈在1971年（那时他已年渐迟暮，不再是原来那个"唱歌的疯子"了）唱道：

　　　"忠诚，忠诚，我一直都忠诚……"

在接下来的三段里，他回顾了一生中的一连串事件和画面（贝济耶市的一条街道、姑妈艾米丽、在蒙托邦度过的一个夏夜……）。这样的事件和画面，只有对于像他这样还能记得起来的人来说，才是重要和有意义的。而最后，他还是故作轻松地总结道：

　　　忠诚，为何还要忠诚？
　　　明知一切都在改变，都在无情地流逝。
　　　一个人孤独地站在甲板上，
　　　看着眼前的世界渐渐消失，
　　　看着那一艘艘沉没的船只，

带走了曾经的希望。

明知自己只是个泡影，

却还要永远地忠诚于别的泡影。

在我看来，这首《忠诚》就属于那种任何人唱都不可能比作者自己唱得好的歌曲。不过，这种歌曲反而最容易被人传唱，因为有的人一听到它们，就会立刻联想到自己与之有所不同但又颇为相似的经历：每一首这样的歌曲都是一段记忆；而这也正是此类歌曲的魔力所在，正因为它是歌曲作者的私人记忆，是其私人生活境遇及其独特个性所造就的，所以当与作者心有共鸣的人在街头巷尾或在切换广播频道的过程中与它不期而遇，就会在刹那之间被它深深吸引。

而这些歌曲的作者就像高明的魔法师一样非常了解这项魔法的法力。他们有的人甚至在歌词里对此进行过描绘。"三个小小的音符就令人沦陷 / 在记忆的深渊里"，当那"三个小小的音符"奏响之时，简单到叫人晕眩的旋律就把圆舞曲的节奏印在了蔻拉·沃凯尔和伊夫·蒙唐的歌喉里：

总有一天它们会不打招呼

突然又回到你的记忆里来……

这些魔法师（对于这首歌来说，它的魔法师就是它的词作者亨利·柯比和曲作者乔治·德勒吕）都深刻地懂得这样一个奥妙的道理：一首歌曲要想迷倒众人，就一定要追忆时光。一般的听众都不会记住他们的姓名，但他们和演绎这些歌曲的歌手一样，都配得上"造福人类"的称号，因为他们为世人发掘出了各种各样小小的幸福，各种各样"坚韧顽强的幸福"。这些小小的"坚强福"也"总有一天会不打招呼"地不期而至。

魁北克人菲利克斯·勒克莱克也是这样一位魔法师。他既是作家，也是作曲家，还是一名演员。他在1948年第一次演唱了《小小的幸福》这首歌。我其实可以借用这个歌名来做这本书的书名的。人们认为，这首歌和后来夏尔·特勒奈的《忠诚》一样，都是教人在面对不可挽回之事时学会忍受，学会保持对生活的信仰：

他在"一条水沟边上"捡到了被人遗弃而哭泣不止的小小的幸福。可是某一天的早上，这小小的幸福突然无情地离开了，"没有喜，也没有恨"：

最后我对自己说：

"我还要活下去。"

我重新捡起我的棍子，收拾好我的悲伤、我的痛苦和我的破烂，

游荡在不幸的国度里。

如今再看到泉水或姑娘，

我都会绕道而行或闭上眼睛。（重复）

歌曲的"智慧"并不完全体现在歌词里，更多取决于歌词与乐曲珠联璧合营造出来的整体氛围。另外，应该指出的是，人们都是在感觉到自己想要唱歌或需要唱歌的时候，才会放声歌唱或低声哼唱。而歌曲就是预备好在这样的时刻供人使用的；所有的歌曲加在一起，就代表了任何一个人类个体可能具有的情感和态度的总和。从这个意义上说，谁只要唱一首歌，这首歌就是属于谁的。

这是因为，每个人在唱歌的时候，都会自然地把自己的经历、自己的过去融入其中。而某个人需要某首歌，这件事本身就反映出这个人有意与那种对真实生活的平庸见解拉开距离。唱歌，本身就意味着承认与期待，意味着理解与超越，意味着终于认识到自己可以在人类共通的情感中找到某种短暂而又持久的幸

福。唱歌，也是一种对时间的独特体验；重唱老歌绝不是老调重弹，因为歌曲每次被唱，就是被重新创作了一次。而无论对谁来说，唱一首广受欢迎的歌曲，都是再度体验创造时刻，再度体验一种真正的开始的机会。

九　美声唱法与意大利味道

在意大利，人们依然推崇"美声唱法"。它有时被当作招徕外国游客用来赚钱的地方特色，但一直以来，它的表演都受到当地爱好者的持续追捧。我曾在都灵旅居一年，住在卡洛·阿尔贝托广场，那里餐馆的露天座每到中午和晚上就座无虚席。有许多搞音乐的在其间游走卖艺。我还记得有一个拉手风琴的，水平一般得很，人们一见到他走近前来就忙不迭地掏出几个小钱递给他，为的是赶紧把他打发走，免得听他卖力演奏那三支不成调的曲子。但住在广场的居民每天都不得不忍受这样的折磨。必须承认，每天慕名来这里游玩的过客所追求的不过是欣赏美景、寻欢取乐或感受氛围，所以他们对于成天出没于露天餐馆的这位不着调的乐手，的确宽容得多。

还有一些夜晚，在广场的一角，会突然产生一阵骚动：一小群人围拢起来，依稀可以看到中间有个男子的身影，正放开金嗓子咏唱那个那不勒斯名段："啊多么辉煌灿烂的阳光……"男子神情专注，唱得字正腔圆，但能听出来他还只是在为冲上最后的高潮"我的太阳"蓄力。一曲终了，这位街头的帕瓦罗蒂以完美的演唱博得了这群临时粉丝的阵阵喝彩。

他的存在为卡洛·阿尔贝托广场的夜晚平添了几分魅力。后来，当我途经都灵，有机会在晚上去这个广场吃饭时，如果能再次听到他的歌声，我还是会感到惊喜，因为我知道，置身此情此境，我就能更清醒地感知到自己的幸福。

意大利既有经典的歌剧，也有流行的歌曲，既有普契尼的《波希米亚人》，也有翁贝托·托齐的《我爱你》，既有激情勃发的引吭高歌，也有柔美绵长的绕梁余音。

在此，我要借机表达一下我对意大利人和意大利的感激。既然我在此书中谈论的是幸福，我必须承认我能再三体验到的幸福之一，就是接受意大利同行的好意邀请，前往意大利的某座城市。这种短短几天的差旅对我来说就像过节一样：我从中体会到的，既有回家的快乐，也有相逢的幸福，还有学术交流的兴奋，当然还有意大利城市美丽的风光以及当地美食给我带来的感官上的愉悦。

爱上意大利的理由有很多。而我保留着对意大利的许多幸福的记忆。这些记忆并不是一种怀念，而是像一种期盼，时不时涌上我的心头，像一道阳光那样照亮了我的心田，一下子就给我平淡的日常增添了些许鲜艳的色彩。我有相当大的一部分记忆是关于意大利美食的，尤以对意面的记忆为甚。

说起意面，话就长了。面食是法国料理的一大弱项。此言差矣。它岂止是弱项，分明是巨大的空白、庞大的真空、深深的黑洞。当然，近来在新式料理的影响下，随着我们对意大利烹饪传统加深了解，这种状况略有改善。但在我小时候，一提到面食，就想到面条，而面条就是和烹饪艺术毫不搭界的代表。面条嘛，寡淡如水：既无颜色，亦无香气，还没有味道，更何况它那软塌塌黏糊糊的模样总让人想要把它归入药物的行列。在我上小学时，"面条"就是我们小学生用来骂人的词，包含着一种对个性软弱和体质衰弱的人的鄙视。水煮贝壳面加上一点黄油，是喂给小孩或病人吃的食物，为的是避免加重肠胃的负担；是我们在学校食堂或医院病床上不得不吃的东西。还有那种一包包的挂面，浸在汤里，比贝壳面还难吃，必须闭上眼睛才能下咽。所以，在我童年的很长一段时间里，无论商家把所谓的"美味面条"做成什么形状，取个多么好听的名字，我都觉得它们不过是贝壳面和挂面换了个包装而已，毫无吸引力。

这种记忆是根深蒂固的。我现在还清楚地记得（请原谅我又要说一件对我们家来说不那么光荣的故事了）我在少年时和父母第一次来意大利的情形。在饭店服务生为他们翻译和解释菜单时，他们撇撇嘴说："啊不！不要面条！"由此可见，我之所以会爱上意面，完全不是出于家族遗传；而是因为后来，我在一些更靠谱、更懂意大利的朋友的陪伴下，发现并认识了意大利以及它的美食，这才唤醒了我对意面的热爱。

于我而言，美食与友谊一定是不可分离的。诚然，独自一人也能品享佳肴或美酒，但若有友人结伴，乐趣便会增加十倍。友情的加持能大大增强口腹之乐趣，而美食的佐助亦能巩固彼此的友谊。因此，我们在谈到餐桌上的快乐时，其实也是在谈论相逢相聚的快乐，这也说明我们想起了自己遇见并喜欢上的一些人：我们与这些人的相遇可能非常短暂，但一定是极其深刻的。所以，我要借此机会向意大利的许多朋友表示感谢；我要向他们承认：对于他们的存在，对于他们的忠于职守，对于他们给我的帮助，对于他们让我感受到并且使我相信幸福总是可能的，我心怀感激。

意大利美食和意面都是我与意大利达成的这份友好协议的组成部分。尤其是意面，是只向亲朋好友推荐的美味。曾有一天晚上，莫代纳的几位朋友神神秘秘地把我带到郊外的一间小饭馆；那间饭馆有一位老太太，是老板的母亲，向来以意面做得无比好吃闻名远近。应该说，这位老太太的厨艺是备受她的老顾客老粉丝推崇的，他们特地请我去品尝，真是令我感到非常荣幸、非常受宠，令我近乎感动。还应该说，在意大利，意面在用餐程序里具有非常特别的地位。意面是意餐"头盘"的精华。

在意大利，头盘可谓是一项真正的饮食制度。我们记得罗兰·巴特在定义纵聚合和横组合之间的关系时，曾以菜单的推荐和食客的选择为例进行阐释说明。在法国，的确也有所谓的"头道菜"，是跟在冷盘之后的，就像意大利的头盘是跟在开胃菜之后一样；不过，法餐的"头道菜"只有在非常讲究、非常正式的场合，才会以横组合形式出现在菜单上。而在实际生活中，在日常操作中，头道菜和主菜是处于同一个纵聚合层面的。然而，在意大利，虽然确实有的人会在吃完意面后就不吃了，或者有的人会跳过意面直接吃一道鱼或肉，但从理论上说，意面依然是构成一顿完整意餐的横组合。意大利的菜单上总是按照开胃菜、头盘、二盘以及甜点的顺序完整地列出可供食客选择的菜品。法国的菜单则常常只有简略化了的选项，而且常常把不同的步骤搭配在一起，有的是"冷盘与主菜"，有的是"主菜与甜点"；反正不管怎样搭配，都是把本该作为用餐重要步骤和（横组合）菜单基本要素的"头道菜"给省略掉了。需要指出的是，法国的"头道菜"内容广泛，涵盖了包括不同做法的鱼肉在内的多种菜品，所以用列维-斯特劳斯的话来说，这便显得"意义飘忽不定"；而意大利的头盘主要是由面食或烩饭构成的。意餐头盘的纵聚合包含大量名目各异的面食，皆以各种汤汁为基础配以各种蔬菜，以不同方法烹制而成。

从理想上说，头盘在意餐程序中居于承上启下的地位。而意面既有"嚼劲"，又比较清淡，正好可以充当"开嘴"（这是那些自诩时髦的高级酒店厨师的说法，法国老百姓把这叫作"开胃"）和主菜（吃主菜就是为了吃饱）之间的理想过渡。意面所要做到的，不仅是不能减损食客的胃口，甚至还要持久地激发他们的食欲。可是，意面的品种如此繁多，而且在烹制中可能使用到各种各样的元素（各种奶酪、各种肉、各种鱼、贝壳海鲜、松露菇类、种植的蔬菜以及路边采集的野菜），所以人们不禁以为意面本身就是一顿完整的饭食。我就认识一位意大利的女士，她有时候晚餐就吃两道不同的意面。她大概是略微混淆了横组合和纵聚合，但她好像从来也不觉得自己犯了什么口舌之过。

所以说，意面在本质上就是介乎二者之间的。我们刚刚已经说过，它在菜单结构中处于承上启下的地位，介乎开胃菜和二盘之间；其实，它的硬度也是介乎软硬之间的（要是厨艺不佳，就可能把它煮成软塌塌的烂面条；尽管如此，它还是要经过沸水焯一下才能保持既紧实又柔韧的状态）。烹制料理的水准成就了意面的美食价值，但它甘于谦逊地充当其他美味的载体。说起意面，大家的脑海里都会浮现出各种意面所搭配的不同配料（意面的不同品种就是根据这些配料的产地或性质来命名的，比如卡尔博纳拉培根蛋酱意面、博洛尼亚肉酱意面、蒜蓉意面、蛤蜊意面……）以及它们各自独有的芳香和味道。经过厨师一番妙手生花的造化，一道美食就此诞生了：它绝不是各种食材的简单叠加，而是一件完完整整的艺术作品。

意面就是一种自成一体的存在，具备自身的完备性。不过，它的正常使命是营造出一种期待，吸引人们继续用餐，而且这一使命还承载着社交的意义。因为餐桌交谈的节奏是随着用餐节奏而变化的。一般来说，开吃意面之时，都是吃过了开胃菜，辘辘饥肠已经得到些微缓解的时候，所以大家就可以比较自在地投入到愉快的语言交流当中。而且在这个时候，大家吃喝的分量尚属适度，还不会对言词表达的敏锐度造成妨碍。所以说，吃意面是意餐的整个过程中最能体现文明的一个阶段。

意面就是这样，介乎生与熟之间，介乎软与硬之间，既简单又复杂，既有源自异国的舶来元素，又深深植根意大利本土，既反映了文明之间的对立（这种对立所导向的并非互相消灭，而是互为补充），又体现了文化之间的交融。它既彰显了人类学家所说的扩散传播的意义，也凸现了原乡原土的价值。来自意大利的意面已然和平地征服了全世界；但令人欣慰的是，还有一些家族仍然留在意大利专门从事这门手艺的创造（当然，还有一些家族通过移民把这门手艺带往了异国他乡，这也让人高兴）：他们的存在为意面设立了严格的品质标准，使其得以应对平庸化、商业化以及本地化的风险。一旦厨师水平欠佳，或者烹饪时不够用心，意面随时有可能重新沦落成一锅烂面条。所以设立标准尤其重要。这可是一个关系到未来全世界的意面能否依然保持原本嚼劲的大问题。

所以说，意面在很多方面都堪称典范。它甚至能向那些为世界和人类的未来感到担忧的人提供乐观起来的理由。意面是格调的典范：要通过学习才能懂得如何欣赏它。意面是匠心的典范：喜欢烹制意面的人都是充满责任感的人。不论从任何角度来看，意面都是教育的产物。要欣赏意面，就需要把严肃认真的精神与活泼快乐的心情结合起来。还需要懂得：让全世界人民都吃饱饭当然是我们必须追求的理想，但这一理想并不一定要通过放弃对品质的要求来实现。我们都知道，当今时代，在赶时髦效应的作用下，许多曾经属于穷人的菜谱如今都被搬上了富人的餐桌，今天的富人们学会了如何去欣赏这些原属穷人的食物所蕴含的力量和美味，今天的穷人们却由于经济原因或其他方面的原因常常食不果腹。而世界各地都还有人正在极度贫困中挣扎，时刻面临着饥荒的威胁。解决这一问题的路线已经明确：必须努力使一部分人吃饱饭，同时必须教会另一部分人好好吃饭。当然，如果这两大愿望能成功地交汇在一起，就再理想不过了。

十　风景

　　有一些风景溶在记忆里，我们却难以准确地将其描绘出来。如果决计这么做，就需要对自己的记忆进行更加深入细致的发掘，有时还需要倚仗相关的资料。不过，这样描绘出来的画面，和那在记忆中浮动的精神影像并不一致。那影像既执着又模糊，恰似依附其上的印象——那是一种纯粹的幸福时刻所留下的印象，而其时何以幸福的原因已不得而知。

　　是我们的记忆力自发、无端而又坚持地把这些风景记录了下来，它还把这些熟悉而遥远的影像连成一部影片，时常在我们的脑海里反复播放。这些影像无疑是幼时的印迹。童蒙之时，世界对我们来说显得更大，色彩也更鲜艳；于是，那些出现在我们眼前的景物都如此庞大，其中的一部分就印在了我们心中。而这种原初印象的碎片就一直在我们的脑海里残存下来了。

这显然是一个充满文学性的题材。而正因为其文学性，所以击中了很多人的心扉：

"［……］一看到田埂上孤然挺立的一株丽春花从黑黢黢的淤泥里高高托举起它那迎风吐火的红色花朵，我便怦然心动，就像远游的旅人刚刚瞅见一片洼地里有一个嵌缝工正在修理一艘搁浅的船只，虽然还没有看到大海，就情不自禁地喊了一声：'大海！'"

1953年，我一口气读完了整部《追忆似水年华》。当时，我因患单核细胞增多症而不得不居家隔离，才有机会完成了这一独特的体验。我之所以要摘录上面那节描写丽春花的名段，是因为我清楚地记得，当我第一次读到它时，我心里关于战前，大概是1938年春天或夏天的一段影像一下子就激活了：当时，我在白天被送到爷爷奶奶家；我爷爷有一辆小小的雪铁龙，他常常开着车子载着奶奶和我到尚蒂伊附近（我爷爷奶奶当时还住在巴黎）去兜风。后来，我曾多次回想起当时的情形。在我的印象里，这样的兜风都很特别；我还记得，有一天，我坚持要去把握方向盘，把我爷爷奶奶吓了一跳！那年我才三岁。我一直以为自己对这段经历的记忆很牢靠，不过我分不清其中哪些是直接来自我自己的记忆，哪些又是别人在不同的时机告诉我的。在这个问题上，普鲁斯特帮了我一个忙。因为当我在《斯万之恋》*中读到这段关于丽春花的描写时，我在那一天体验到的感觉一下子就清清楚楚地涌现在我的脑海里了：那天，我们停下车来野餐，一片麦田边上，有几株丽春花迎风摇曳，令我心醉神迷。那样几朵花为什么会激起并吸引我的注意力，最后又被遗忘的篷布遮盖起来？我说不清楚，但阅读普鲁斯特真真切切地唤醒了这片已然湮没在时间长河里的风景，以及它给幼时的我带来的感动。

我曾经谈到另一种失去时间坐标的体验，也与一种特别的风景相关，就是废墟。在参观废墟时，只要不去细看旅游指南上的介绍，我们对其所代表的过去就无法形成任何明确的体认。说到底，对于普通人而言，废墟遗迹只不过是某个已经消逝了一切生活痕迹的遥远时代留下的虚幻模糊的空壳子。1996年，我在危地马拉的蒂卡尔就经历了这样一种我称之为"纯粹时间"的体验：当时，我在日出之前独自来到了矗立着一座玛雅大金字塔的森林里；那里树木郁郁葱葱，林间深处还掩藏着另外数座金字塔；置身此境，有那么一小段时间，我真切分明地感觉到了时间纯粹的存

---

* 作者摘录的这段关于丽春花的描写其实出自《追忆似水年华》第1卷《在斯万家那边》中的第一部《贡布雷》，而非第二部《斯万之恋》。

在，我呼吸的节奏也随之起伏起来，仿佛这片森林要把一切个人的或集体的历史都吞没进去。我对那一刻的记忆是充满矛盾的，我觉得当时自己的意识极其清醒，又似乎陷在某种空灵的快乐之中。我就那样专注地出了好一会儿神，直到几只动物旁若无人地从我身边经过，才回过神来。

我们可能都思考过这些废墟是怎样变成废墟的，都想象过它们是如何蜕化成自然景物的。不过，其实还有其他一些情形，比如，赫库兰尼姆或庞贝古城都是被突然发生的火山爆发生生埋葬的，通过18世纪进行的初步发掘，人们发现了那里优雅舒适的生活艺术，这还对贵族和资产阶级住宅的家具设计和家居装饰产生了影响。"平日的幸福"女士书桌就是其中一例，堪称用现代时尚重新诠释考古发现的典范。

很少有人面对风景而无动于衷。所以我理解那些踏上旅途，去探索新的风景的人。诚然，旅游业已然变成一项产业，反映着世界的不平等：有的人能够身临其境地消费各种风景，有的人却只能满足于想象。不过，前一种人所表现出的这种好奇心本身并不一定意味着他们漠视人间疾苦；事实可能恰恰相反。那种主张顾全大局的犬儒主义不适合用来对每个具体的个人提出要求。

平日的幸福

虽然关于各地景点的广告宣传影片、照片以及海报在互联网上比比皆是，但每位旅游者从各处风景中得到的依然是属于个人的收获。所以各地景点虽然本来就是设计出来给人们制造回忆的，但没有任何一个人的个人记忆会完全顺从时尚潮流或广告宣传的指导。在风景与注视风景的人之间，有可能什么也不会产生，有可能他们彼此毫无交流。但也有可能完全相反，在某种奇妙的魅惑力的作用下，旅行者以自己的方式发现了一片风景，和它建立起一种独有的关系，仿佛他虽然不是这片风景的拥有者，却成为它的发现者和创造者。某些作品会对某些读者产生特别的吸引，道理大概与此类同。这也是为什么要把一部小说搬上荧幕总是难以成功。因为在每位读者的想象中，小说里的人物和风景都会形成不同的形象，而另一位他者为拍摄电影而挑选出来的脸孔和地点与此发生冲突，就剥夺了读者自己的想象。不过也可能产生相反的效果：如果某位读者阅读原著的时间已经太过久远，或者该读者太过年轻，又或者他阅读得太过匆忙，那么电影中塑造的形象就会彻底吞噬掉原著在其记忆里留下的模糊印象，他就会觉得《红与黑》里的于连·索雷尔就应该是杰拉尔·菲利普饰演的那样，而《战争与和平》里的娜塔莎·罗斯托夫就和奥黛丽·赫本长得一模一样。

　　许多电影中的风景在观众的记忆中留下了深刻的印象，以至当他们前往实地之时，会把眼前看到的风景与电影中的画面混合起来。雅克·塔蒂拍摄的《于洛先生的假期》就体现了这样一种精致入微的视角。1953年，这部电影刚刚上映的时候，我就去观看了，当时我17岁；影片中滨海圣马克的那片小海滩与布列塔尼海岸线上其他的小海湾极其相似，于是我在观影时几乎产生了一种悄悄潜入了我自己家的一场家庭聚会的错觉：虽然那时我还从未去过滨海圣马克，但影片里的小市民在租住的公寓里温柔讲述的那些玩笑话，每天下午在海滩上用幻想来消磨的单调时光，还有那位教养良好的金发少女的倩影，这些对我来说毫不陌生，我仿佛都认得它们——而影片动人的主题曲也刺激着我的怀念，令我回想起少年时在布列塔尼度过的那些既美妙迷人又令我隐隐感到烦恼的假期，因为我总会想起："不知道现在巴黎的天气怎么样呢？……"

　　《于洛先生的假期》是我时常重新观看的影片之一，每次重看都能体会到新的乐趣。1995年，我终于下定决心满足自己这个长久以来不断被延后的愿望，订好了那片海滩的宾馆的房间，出发前往圣纳泽尔和滨海圣马克。我才发现，原来一切都没有变化。那个地方仍与影片中别无二致，一下子就令我感到无比亲切，我费了好大的劲儿才敢相信自己其实是第一次来到那里。

十一　老年的幸福

　　卢梭是一个值得深思的典型。人到晚年，他又一次流离失所，这一次一位可靠而好客的朋友吉拉尔丹先生收留了他，使他人生的最后两个月得以在宁静的埃尔默农维尔专心写作《孤独漫步者的遐想》，直到最后突然中风死去。这个人心里一直充满了对持久的幸福状态的向往，身为一位名副其实的斯多葛派学者，他对持久的幸福和短暂的快乐区分得非常清楚。不过，在《忏悔录》第六章谈及他来到华伦夫人家，于是悲苦流浪的生活迈入了一个喜悦的阶段时，他还是写道："我一生中短暂的幸福便从这儿开始了。"但他明白，要想延长或复活这种幸福，唯有投入写作："我要怎么做才能随我所欲地延长这如此动人、如此单纯的一段回忆，才能一直反复讲述这些同样的事情，还不会因为重复唠叨而使我的读者感到厌烦，也不会因为不断重新开始这样的讲述而使我自己心生厌倦呢？况且，如果这一切都是事实，都是真实的行动和言语，我倒是有办法将它们描述和表达出来；但对于这不曾说过、不曾做过甚至不曾想过，而只是品尝过、感觉过的事，我又该如何去说呢？毕竟除了这种感觉本身以外，关于我的幸福我也没有什么别的好说的。[……]我再也看不到未来还有什么能够诱惑我的；只有回味过去才能令我感到快慰，而对我现在所谈论的那个时期的回味是如此鲜活真切，常常令我忘却我的不幸，使我感到幸福起来。"有时，人们会拿《追寻逝去的时光》与《忏悔录》做比较，指出与从不在《追寻逝去的时光》中提及卢梭却视其为"天才"的普鲁斯特相反，卢梭确是在真心地进行忏悔，但是，除了《忏悔录》中那些颇具普鲁斯特之风的段落（比如描写长春花的那一段，卢梭一看到这些花朵，一听到这些花的名字，就回想起三十年前和华伦夫人一起进行的一次散步），所有的一切都证明这两位作家同样急切地需要通过写作，把过去的时间化为寻回的时间，并把这种追寻当作一切幸福的条件，方才能够活下去。普鲁斯特与卢梭一样，也是摆脱了社会的束缚（包括上流社会的那些"责任"的束缚），心甘情愿地拥抱了写作的束缚；不过，写作的束缚能使他们间或达到兰波所谓的"真正生活"的境界，而正是由于"真正生活"的缺失，人们通常都活得沉闷无聊，近乎不幸。

　　并非所有人都能当作家，但所有人都能把时间当成自由来体验。有一句人们常说但看起来有些矛盾的话，就是人可能只有经历了年龄的增长，才能学会摆脱年龄的束缚，好好把握时间。今天，许多老年人都给人留下这样一种印象，就是他们都在努力地把握自己的时间；对于欧洲小资产阶级和中产阶层的老人来说，若有机会到阳光明媚的葡萄牙或摩洛哥小住一段时日，他们一定会全情投入。对于其中相当多的人来说，退休就意味着解放，甚至意味着奇遇，因为退休非但不能把他们关进所谓的养老机构，反而会促使他们行动起来，激发他们去"长长见识"。有些幸运的老人会产生这样一种感觉，人生总算开始了，总算有机会去品尝那许许多多迟到的"第一次"的快乐和激动了——这使他们近乎于"创造者"。"创造自己的人生"绝不是一种隐喻的说法。因为人一旦投入艺术创作，就会感觉到自己的生活发生了颠覆；相应地，人一旦改变了自己的生活方式，也会体验到创造者才有的喜悦和焦虑。同理，读者越是被自己阅读的某部作品吸引，就越可能对该作品表达的特立独行的观点产生认同。

人生中只有极少数时刻能够让人觉得自己是在主动选择之下开始了某件事情：而退休便是其中之一，是一个能够决定自己生活方式的关键时刻。诚然，需要考虑的因素有很多，比如，每个人所承担的辛劳和在健康方面承受的压力是不一样的，这种不平等在很大程度上是社会原因造成的。还有，共和国总统候选人的平均年龄常常比他们所梦想统治的人民的退休年龄还要大。尽管如此，只要其他所有事情都还是平等的，那么退休虽然首先是一种社会制度安排，其年龄必须遵从法律或官方协定的规定，但它仍是个体能够进行自主选择的时刻之一，因为个体可以选择依旧岁月蹉跎，也可以选择从此开启另一种新的生活方式，或是探索不同的人生道路。退休或许是个体把自己的时间掌控在自己手中以实现"时间自由"的最后一次机会。年老的好处，恰如艺术创造或文学创作的好处一样，就是让每个人都能获得属于自己的时间，可以尽情地去记忆、去想象、去回顾、去做梦。

从这个意义上说，退休又是一种挑战。你不是想要时间吗？给你！你要用它来做什么？我们得又一次先把那些一直工作到体力衰竭才退休的人，也就是被萧沆粗暴地归入"有福气的老人"的那一类人撇开不谈。其他人里，有许多事先就为退休做好了准备。最为常见的做法是，一些人会在自己童年的村庄购置一套房产：他们就像鲑鱼一样洄游到自己的发源地，通过与最初的境遇做比较来衡量当下的生活；他们有的人成天吃吃睡睡、看看电视，也有的人较为积极，会投入到各种活动中去，比如当志愿者，或者参加各种协会的集体活动，总之选项有很多。还有一些人则会努力实现一项酝酿已久的计划，或前往国外定居，或尝试完成一项一直没有时间实行的"伟业"，比如进行一场旅行、一项深入的调查研究，实施一个只在和朋友聊天时说起过的或清晰或模糊的设想。在退休的时刻到来之时，我们都来到了一堵横亘的高墙面前：要么翻墙出去，要么永远待在墙内。翻墙出去的人立刻就会得到回报：他们清楚自己至少为了忠于本心而尽了努力、做了尝试，而这大概就是他们之所以能够保持良好心态的奥秘所在。当然，在这方面，很难说有什么样的成功算是大获全胜，有什么样的失败算是一败涂地，有什么样的放弃算是遗恨终生，所以总的来说，老人只要身体健康状况良好，就会比许多人都过得愉快。

　　生病本身也是一场战斗。我们还是有可能在这场战斗中打出漂亮的胜仗的，即便这些胜仗最终会像拿破仑统帅的法国所进行的战争一样，总有一天（但这一天是可以推迟的！）走向彻底的溃败。但每一个小小的胜利都是具有重新征服的意义的：今天可以下床坐到椅子上了；今天可以稍微走几步了；今天又可以出门走走了；今天终于可以出院回家了，虽然身体多了些许不便，但同时，对于以前惯常为我们所忽略的那些微小的幸福，我们也获得了更新的视角，更懂得如何去发现它们了。

　　我父亲情绪不稳定，但他天性乐观。我对我所阐述的这种种"坚韧顽强的小幸福"的敏锐大概就是从他那儿遗传。他在1942年被确诊患上了帕金森氏病，如今我们都知道这种病在表现出症状之前通常已经潜伏了多年。就我父亲而言，医生们倾向认为他之所以会得这种病，与二十多年前他十五岁时遭遇过一次事故导致大脑损伤有关系。我小时候经常听大人讲起这件往事，我父亲自己认为那是对他的个人发展产生了决定性影响的一场劫难：在那之前，他一直都是波尔多中学的优等生，但事故之后他突然就黯然无光了。他本来可能被海军军官学校录取，却在体检环节被刷下来，第二年他接着报考巴黎综合理工学院又失败了。于是他改变了志向，接受家里一些朋友的建议，报考里昂学院，也就是当时的税务学院。两年后他从里昂学院毕业，成了一名税务员。

我父亲在讲述这些往事时很有兴致，而且也没有什么怨言。在里昂，他得到了大学生活和经济自由的新鲜体验；他和同学们一起享受着"年轻人的生活"，有时还要在漂亮的里昂城里作为"候任税务员"参加军训。里昂，我当时还未去过的地方，在我幼小的心灵中就这样变成一座既神秘又亲切的城市，因为在那里，有我那昂首阔步行进着的年轻的父亲。

他还经常提到在科雷兹省拉普洛度过的日子，那是他最早被分配工作的地方。他是在去往那里之前结婚的。我的母亲从小是孤儿，是家里的朋友把她介绍给父亲的。他们俩在说起在拉普洛度过的那几个月时，都显得非常迷恋。"我一生中短暂的幸福便从这儿开始了……"：我有时候觉得，父亲在提到科雷兹省的生活时，可能照搬了卢梭的这句心里话。当然，这话也可能就是他自己说的。反正我最早阅读的那本线装的《忏悔录》就是在他的那一小堆藏书里发现的，他无论搬到哪里都一直带着那些藏书，直到最后它们被安放在我们在巴黎的公寓的客厅里。我经常听我父亲或我母亲讲述他们在拉普洛那个大农村的生活。在那里，税务员与公证员以及医生一样，都属于"社会名流"。

不过，一直留在我父母记忆中的，除了那段虽然实际上极度惨淡却令他们相当自豪的作为"上等人"的生活之外，还有他们在大自然中许多次长时间的散步：他们多次跟我详细地讲述他们在夏末到野外去采牛肝菌的事情，因为那个地区生长着大量的牛肝菌。之后我父亲被调往普瓦捷，我就是在那里出生的。再过了两年，他又被调往巴黎。我一直有一种感觉，他真正幸福的时期还是之前那段在科雷兹度过的岁月，那里才是他的伊甸园。应该说明的是，在来到巴黎之后，他很快被征召入伍转服兵役，而在退伍之后不久就生病了。

从那之后，他的日常生活都变得很困难。幸而他生性乐观，善于品味生活中的种种乐趣，懂得欣赏朋友对他的友情和母亲对他的关爱。病情的发展促使他决心充当医学试验的小白鼠；所以他在50年代就成为最早接受手术治疗帕金森氏病的患者之一，通过环钻术在颅骨上穿孔，安放电极对大脑进行深度刺激——这种手术在当时来说还处于试验阶段，风险很高，但他对手术结果充满期待。我记得自己一直在手术室门口等待，记得他躺在担架车上被推回病房时一边向我伸出不再颤抖的胳膊，一边对我露出微笑。不过，他的幻想随后不久就破灭了；第二次手术的效果明显差了很多，而且第一次手术的结果也没能保持住。但在当时的那一刻，我就已经知道，我永远也不会忘记他对我做的那个表示胜利的手势。

那个胜利何其短暂，但仍再度鼓舞了他的信心，使他相信自己尚未彻底失败。他傲视疾病，不向疾病屈服，才使他在疾病步步紧逼、慢慢侵蚀他全部身心之时，还能振作起来，找回自己。

我常常思考，我父亲何以有能力抵抗住这般摧枯拉朽的沉重考验。在最终沉陷到那种有些怠惰的无所谓的态度中去之前，正是一种对"小小的幸福"的向往一直支撑着他去热爱生活。比如，心血来潮地去以前常去的地方兜一圈，吃一顿饭，喝一杯红酒，唱一首熟悉的老歌，看一场电影或者做一次旅行，这些事情都帮助他忘却自己生病的状态，都鼓励着他继续前行。在我看来，他充满了坚韧而顽强地活下去的渴望，正是这种渴望维持着他的身体。而这种渴望是许多病人所特有的，比起身体健康的人，他们更懂得珍惜日常生活里小小的快乐。

不，我没有忘记他让我看他手臂不再颤抖时朝我露出的腼腆的微笑。

我们来谈谈老年的幸福吧。人终有一刻要承认自己已经老了。就算你一时忘了自己老了，别人也会帮你记得；就算你还很健康，你那渐渐僵化的身体也会提醒你，你老了。你就是老了，明明白白地老了，公交车上如果有比你年轻的人（甚至是小姑娘）站起来给你让座，你也不会再觉得受到冒犯了。再过一段时间，你自己的目光也会变得像你见过的那些倚老卖老之人一样幽深刻薄，这样的目光见效奇快，只要你一进入公交车或地铁车厢，就会驱使里面的年轻人和中年人抢着起身给你这位名副其实的老弱病残让座。眼下，你还会为这些年轻人或中年人的好意感到好笑，但要不了多久，你自己就会成为第一个感觉他们让座的动作还是太慢了的人。要么，你可能会成为那种神态平和、满脸微笑的老人中的一员，他们总是赶在别人还来不及为他们做什么之前，就用眼神和动作抢先一步表达感激和感谢，通过这样一种让人无法逃避的温情，向人们宣示自己享有无可置疑的优待权。

你老了，这是事实，只是你还没有适应这个事实。

自从你变老以来，或者换用一种有些奇怪但更确切的说法，自从衰老缠住你以来，你就不动声色地看着别人换了一种目光来看待你。你可以观察到的第一个变化，首先就是别人对你的态度的改变：一进入老年，就开启了一片新的天地，你就会去琢磨那片新天地里的居民，你就会去分辨哪些人对你是真心的，哪些人对你是假意的。而当你回到家里，当你把自己陷在舒舒服服的沙发里或者安安稳稳地坐到电脑前，开始看报纸或上网浏览，你心里面肯定还是觉得自己依然是多年前的那个自己；在独处（终于可以独处了！）之时，你总算可以摆脱旁人那种过于关切的照顾，那样的关照过分夸大了你身体的衰弱，让你觉得非常不自在。你会感到，与以往任何时刻相比，当下的你都更是你自己。

你可能会想到，自己好像变得更能理解（犹未晚矣）那些再也见不到的人，那些已经不在了的人，那些曾经爱着你的人，那些你曾经爱着的人。如果你有儿孙，你还会想到，他们眼里的你和你眼里的你的祖父母是不是一个样子，像这样把自己的过去和现在一作对比，就会让你感到快乐。

最令老年人感到幸福的，莫过于祖孙关系，宽泛来说就是隔代亲。对于那些敏锐地察觉到必须依靠社会关系来维持自己独特的个性生活的老年人来说，对这个一般人类学课题做一些了解，能促进他们从中找到更好地适应加速变化着的时代的机会。我的孙辈给我讲解某种电子产品的功能，并不会让我觉得自己又老了；因为他们是在为我提供关于这个现实世界某些方面的信息，而我也可以从另外一些方面向他们提供有关这个现实世界的信息。这样，我就可以和我的孙辈共同生活在同一个时代，正如我爷爷曾经和我共同生活在同一个时代一样。

还有最后一点说明。根据许多人的描述，人越是老，那种大限将至、终将死去的念头就越挥之不去。由此看来，我觉得最起码可以说，那种所谓对救赎宗教的信仰可以起到慰藉作用的说法是极其不靠谱的。音乐天才莫扎特就在《安魂曲》中表现了最后审判的观念所追求并制造的恐怖效应。基督教这种一神教的力量一贯都是建立在所谓"人有原罪"的假说之上的，正是这种假说把属于每个人的个体生活定义为一种为了赎罪而进行的努力。从这个角度来说，上古的斯多葛主义，也就是那种尚未受到柏拉图和基督教影响的斯多葛主义，倒是充满了健康的平淡主义色彩。正如保罗·韦纳（Paul Veyne）在介绍塞涅卡的《论灵魂的安宁》时所指出的那样："斯多葛主义者发现了一种新的目的，就是自我，还发现了共同意识所不知道的一种新的动机，就是自我的理想。为了这个超自然的目的，他们才不在乎什么是耻辱，什么是罪恶感，什么是尊重。不朽的灵魂必须依照神意行事，所以他们既不服从任何一位具体的神祇，也不服从任何集体的意志。而死后的世界也不是他们要考虑的问题。"塞涅卡开导他的朋友塞莱努斯："回到来处有什么痛苦的？〔……〕人常常是因为怕死反而死了。"所以，老年人的一种幸福，常常在于消除这种害怕，这样才能尽情品味活着的乐趣。塞涅卡还说："虽然说人不应该沉迷于酗酒，但有时也不免需要自由地放纵一下〔……〕"他还援引亚里士多德的话："若是没有疯狂的种子，就不会诞生任何天才。"

实际情况是，对于那些虽不一定读过塞涅卡，但与之有着许多共同观点的人来说，意识到自己终将死去，是有积极意义的。这能使他们在反观自己的幸福之时产生一点惭愧感，尽管这种惭愧感可能只是隐隐约约、转瞬即逝的。要知道在我们这个时代，就在离我们不远处，还有另外一些人时时刻刻都在遭受着加害者的滋扰。

人到老年，便学会了把握当下，把握每一天，学会了充分汲取此时此刻赐予我们的一切。在塞涅卡给塞莱努斯的忠告中，除了要建立一种与自己的新关系，不要刻意去表演某个角色之外，还有几条颇为实在的建议，比如：不妨到户外去散散步（有益健康），也不妨大醉一场（可以帮助忘却烦恼）。塞涅卡之所以向自己这位年轻的亲戚提出这些平淡无奇的忠告和建议，是因为后者当时沉沦在抑郁之中。而人到老年所带来的一个值得欣喜的结果就是，我们不再需要这样的忠告和建议了，因为它们对于我们来说完全是无须多言和理所当然的，因为我们的年龄已经使我们明白：虽然当下在不断地溜走，但只有当下才是我们可能掌握的唯一的真实。

　　　　　　　　　　　　　平日的幸福

结语

关于平日的幸福，清单很长，长到无穷尽。关于
不幸的清单也很长，长到无穷尽。我在这里并不想顾
此失彼地只谈前者而不提后者。人生之不幸，排在第
一位的，当属贫穷，以及贫穷所造成或加剧的孤独、
疾病、辛劳和烦恼等诸般痛苦。人生之不幸，也有因
受他人排斥而自厌或自贱。人生之不幸，还有恃富而
骄或褊狭狂热。人生之不幸，更有做蠢事、施暴行、
为人自私和处世冷漠。

当然，我们每个人都在为了把生活过得更美好而
奋斗，有的人做得好一些，有的人做得差一些。我的
这本书，就是尝试对这种奋斗加以分析。这种奋斗首
先指的是为了避免人生陷入滞阻，为了在时间或空间
之中行动起来而做的自发努力。这里所说的行动，不
管是腾挪闪躲，还是奋勇前进，也不论是逃跑撤退，

还是收复失地，都能使人生得以继续下去。其次，这种奋斗的重点在于，在某一行动成功之际，会创造出一种具有全新意义的事实，一种全新的关系——换言之，一种全新的"坚韧顽强的幸福"。

比如"办丧事"就是这样一种行动。这一行动的顺利实施需要借助传统文化的智慧。我家族的根在布列塔尼。70年代，家族里的许多亲戚都生活在远离故乡的地方，但大家都在放假的时候回到过那个村子。所以对于我们来说，每一次亲人下葬都是返回故土重新相聚的机会。我们真心哀悼长辈的离世，但同时也为家族的团聚感到开心，因为大家只能借着亲人去世的机会重聚在一起。当然，如果大家真的一心只想见面，应该还是能以其他方式做到的。不过，那样的相逢就是另外一回事了。每一场丧事都创造了一段记忆；逝者的至亲为亲人们回来参加葬礼感到感动，而每每回到这种特别的场合，都能令我们再度感受到我们的大家族在情感上又达到了暂时的团结。

我的太姥姥在一战期间孤身一人带着七个孩子逃到了那个村子，那里是她亡夫的家乡。后来她的两个儿子被杀，她和一个女儿一直生活在那个村子里。其他几个女儿各自经历了不同的命运，最后也分别于二战前后回到了那里。她们的众多子女都保持了对那个村子的眷恋，而她们子女的子女（包括我在内）的大多数暑假都是回到那里度过的。

事实上，从70年代初开始，我们就不断见证家族的老辈人相继辞世，而且越到后来，频率越快。每次葬礼之后，都会举行家族聚餐，我们都会与老辈人里依然健在的几位亲近一会儿；而他们有时会不由自主地跟我们透露一些家族内部的秘辛，一些早已过去的矛盾、争执和纠纷；对于这样的往事，年纪较小的那几位有时只剩下些微模糊的记忆，最后还是要靠最年长的那几位的讲述才能生动地再现出来。新的记忆不断取代旧的记忆：家族的和睦终能压倒老辈人彼此之间的愤懑和怨艾。在办丧事期间，把天主教丧葬仪规与世俗的聚餐传统结合起来，就拉近了辈分相隔的亲人们之间的空间距离，使我们得以享受团聚的幸福。

办丧事作为一种集体时刻，其中的惊喜其实就在于我们如何操办它；是我们将这一事件变成了展现家族共同幸福的时刻。从这个意义上说，它确确实实是一种集体创造的作品：我们都意识到属于家族的共同记忆正在消逝，都意识到彼此之间的联系正在疏远，我们各自在家族中的角色正在模糊，而这些记忆、这些联系、这些角色，正是我们赶来参加葬礼的原因和理由所在；就是在这样一种意识的推动下，我们才能齐心协力地把这件事情办好。

你可能已经发现，本书回顾了我的一些私人事件。我的初衷并不是要谈论自己，但既然决心要把视线投向那种既毫无个人特色又是每个人都切身经历过的事件类型，也别无他途。

和阿兰·巴迪欧一样，我也没有资格为大家指明"通往真正生活的捷径"，更何况兰波还说过，所谓真正生活并不存在。不过，我还是想要通过我自信有所了解的为数不多的一些范例——出自文学作品和我个人经历的范例——尝试说明任何一个个体都有可能酝酿一场超越自我的行动，而超越自我正是这位哲学家所说的幸福的条件之一。米歇尔·德·塞尔托所说的"日常的创造"与我的这项研究尤其贴切，因为我所侧重探究的，就是每个人都拥有的那种自觉地通过创造性行动来为与他人建立更幸福的关系创造条件的能力。

阿兰·巴迪欧把"幸福的人"称作"新人类"，并概括了"新人类"的三个本质特征。首先，他在创造，但他并非"随心所欲地创造"；从这个角度来看，他就像艺术家一样，奉守创新之圭臬，以图探索表现真实的新形式；也可以说他就像科学家一样，因为科学家所做的也是如此。第二，新人类决不囿于自己身份的局限；每个人都可以对艺术创作或科学发现发生兴趣。第三，新人类善于"从自己的内心"发现自己，能够做到一些自己都不知道自己能做到的事情。由此看来，幸福可以被定义为个体"对自身有限性"的胜利。幸福与知足并不相同，因为知足是个体在觉知到自己已经拥有了世界为自己提供的位置时的感受。巴迪欧还为我们阐释了幸福与政治解放，与艺术创作，与科学发明，以及与为了爱而改变自己之间的关系，他把这些都视作个体探索自己主体性的过程。

巴迪欧的《关于真正幸福的形而上学》这本书把个人实现成就感的秘方纳入了消费者满意度登记清单，遥相应和着我在绪言中言及的"幸福是一种潮流"。不过与此同时，这本书也是作者的呼唤与告白。这位哲学家告诉世人他感到自己是"幸福"的，因为他懂得如何"反抗众人的观点而基于事实真相展开思考"。他向自己的读者发出呼唤，邀请他们一起分享他对真正生活之内在性的体验以及这种内在性所造就的幸福。

人类学家说话就要谦逊得多，因为他不似这位哲学家那般，确信"事实真相"一定能帮助自己做到

"反抗众人的观点"的思考；但他觉得，在他从观察对象（首先是他自己）身上观察到的各种萌芽状态的幸福脉动中，还是能够依稀分辨出哲学家所说的那种体验的影子。毕竟，这位哲学家亲身体验过写作的幸福，体验过作为演员以及演讲者掌握话语权的幸福，而且大概也曾经有过欣赏风景和歌曲的经验，也曾经从自身经验出发思考过生活是什么，所以他的概念构想是有理有据的，得到了他从某些日常生活细节出发对生活经验内在性的直观感知的验证。

人类学家依然执着于观察，他通过观察在他人身上寻找共鸣，一旦发现自己的某些直觉与其他人形成了呼应，就会感到快乐。这是因为研究差异的民族志时代已经成为过去。虽说在当今世界，多样性确实是一种事实，但是它既不能否认主流经济体系一统天下的事实（在这一体系中，任何一个人都是可以被另一个人取代的），也不能否认人们针对这一现状的反应。世人对此现状的反应分为两种：一种表现为各种各样的暴力；另一种则表现为对人类团结的觉悟，这种觉悟能够超越差异，科学领域的进步和文学艺术领域的创造都是这种觉悟的体现。在这种背景下，对我们这个时代的人们所走过的道路进行分析，以期找到可以令我们感到幸福，可以令我们言说幸福的理由和机会，实在是一项既有益健康又振奋精神的任务。

"平日的幸福"这一表述的确可以从多层意思上加以理解。

首先，它可以理解为合乎当今时代风格的幸福。对于具备一定消费能力的人来说，它所指的就是通过消费实现的种种幸福。

然后，也可以把它理解为不分时代的幸福。比如各种邂逅带来的幸福：邂逅一个人，邂逅一片风景，邂逅一本书，邂逅一部电影，邂逅一首歌，邂逅一个被自己接受和重塑的他者；再比如虽倏忽而逝却长留在记忆之中的那些瞬间的幸福；还有回家的幸福和第一次的幸福，还有回忆的幸福和忠诚的幸福。所有这些幸福，都只属于那些热切向往它们，并且敢于不顾时代潮流，敢于抛却犹疑和恐惧去勇敢创造它们的人。当然，不论出身、文化和性别，任何人都可以追求这些幸福。这些幸福经得起时间的考验，虽然看上去平凡无奇，但总能历久弥新。这些便是我所说的坚韧顽强的幸福，或称"坚强福"。

人得何其傲慢自大，才敢妄自断言幸福已然成为当今人类的基本常态；人又要多么目空一切，才会视而不见世间众人为了活出个模样，为了创造各自的生活，而在时空之中的努力奋斗。一旦成功，人便会体验到一种满足，这种满足来自人对自身独特存在以及自己与他者关系的觉悟；这种觉悟还包括了人内心对自己身体的自信。这种全面觉悟的瞬间，就是我所说的幸福。这些瞬间合在一起，筑就了一条窄路，路上影影绰绰的都是那为了生活奔波的普通人。说不定哪一天，等到所有人都走到这条路上来，它就能引领全人类走向真正的大觉悟。如此说来，所谓平日的幸福，就是我们为了美好的未来而绘制的蓝图和许下的诺言。

　　　　　　　　　　　　　　　　　平日的幸福

图书在版编目（CIP）数据

平日的幸福：关于瞬间的人类学／（法）马克·欧杰著；陈路译．—北京：商务印书馆，2024
ISBN 978-7-100-23605-8

Ⅰ.①平…　Ⅱ.①马…　②陈…　③全…　Ⅲ.①人类学　Ⅳ.①Q98

中国国家版本馆 CIP 数据核字（2024）第 068047 号

平日的幸福
——关于瞬间的人类学

〔法〕马克·欧杰　著

陈路　译

全志钢　校

商　务　印　书　馆　出　版
（北京王府井大街 36 号　邮政编码 100710）
商　务　印　书　馆　发　行
北京盛通印刷股份有限公司印刷
ISBN 978 - 7 - 100 - 23605 - 8

2024 年 6 月第 1 版　　　　开本 787×1092　1/32
2024 年 6 月北京第 1 次印刷　　印张 4¹⁄₈

定价：28.00 元